SABA's KITCHEN
萨巴厨房 ™

沙拉与三明治

萨巴蒂娜◎主编

中国轻工业出版社

沙拉与三明治，怎么做都不会错

有一种DIY的三明治我特别喜欢，那就是金枪鱼三明治。不用开火，只需洗一个碗，厨艺零基础的人都可以做，容错率很高。

食材是橄榄油浸的金枪鱼一罐，千岛酱一瓶，紫皮洋葱1/2个，黄瓜、番茄、生菜、青椒各适量。

做法是把洋葱切碎粒，与金枪鱼罐头倒入碗里，和千岛酱一起捣碎成糊状。黄瓜和番茄切片，生菜和青椒切丝，然后在长条面包上（刚烤好的法棍最好）涂抹上金枪鱼酱，夹上蔬菜，就搞定了。超级简单，用料多寡都不要紧。我喜欢放多多的蔬菜，做一个超级大的胖三明治，一个就可以吃饱，而且味道一流，吃的时候极其愉悦。

如果想更低脂低卡，可以不要面包，那么就变成沙拉了。还能将油浸金枪鱼改为矿泉水浸，做好之后直接用黄瓜蘸着鱼酱吃，或者用生菜卷起来吃。

我还试过用玉米脆饼裹着吃，味道也是相当好，还顺便摄取了富含膳食纤维的粗粮。

这个金枪鱼酱有各种变化，除了放洋葱，还可以放奶酪、白煮鸡蛋、熟土豆块、酸黄瓜、橄榄、黑胡椒，甚至辣酱。每次都可以换一种做法，随机应变，而每次试出来，味道都很好。

深爱中华料理的我，在这里一本正经地教我们的读者如何做一道简单的金枪鱼沙拉三明治，你就知道我有多爱这道料理。

除了我特别推荐的，这本书还包含了很多沙拉和花式三明治，每一种都有自己的气质和故事，希望你喜欢！

高欣茹

萨巴蒂娜
个人公众订阅号

萨巴小传：本名高欣茹。萨巴蒂娜是当时出道写美食书时用的笔名。曾主编过五十多本畅销美食图书，出版过小说《厨子的故事》，美食散文集《美味关系》。现任"萨巴厨房"主编。

敬请关注萨巴新浪微博　www.weibo.com/sabadina

目 录
CONTENTS

容量对照表

1 茶匙固体调料 = 5 克

1/2 茶匙固体调料 = 2.5 克

1 汤匙固体调料 = 15 克

1 茶匙液体调料 = 5 毫升

1/2 茶匙液体调料 = 2.5 毫升

1 汤匙液体调料 = 15 毫升

咖喱牛肉末三明治
048

火腿奶酪三明治
050

法兰克福香肠
三明治
052

蜜汁手撕猪肉
三明治
054

英式玛芬三明治
056

日式姜烧猪肉卷
058

瑞典热狗
060

CHAPTER 2
鱼&虾&
海鲜类

燕麦海苔金枪鱼
沙拉
062

金枪鱼藜麦沙拉
064

巴沙鱼土豆沙拉
065

三文鱼秋葵沙拉
066

烤番茄凤尾鱼
鲜橙沙拉
068

鲜虾西蓝花
水芹沙拉
069

红虾牛油果沙拉
070

西柚扇贝沙拉
072

秋葵莲藕
墨鱼卷沙拉
074

意式海鲜沙拉
076

蟹肉棒芦笋三明治
078

香煎三文鱼三明治
080

综合海鲜总汇
三明治
082

明太子鱿鱼口袋
三明治
084

炸虾三明治
086

烟熏三文鱼贝果
088

5
CHAPTER
谷物&
豆类&坚果

初步了解全书

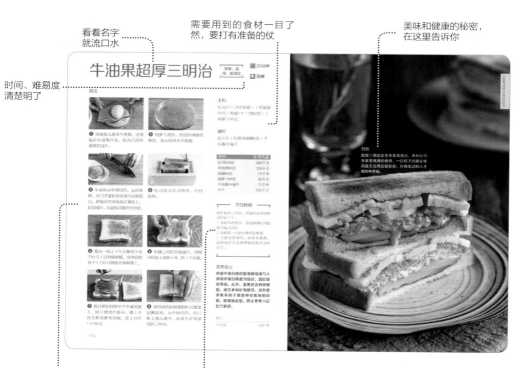

看着名字
就流口水

需要用到的食材一目了
然，要打有准备的仗

美味和健康的秘密，
在这里告诉你

时间、难易度
清楚明了

详尽直观的操作步骤让
你简单上手

烹饪秘籍，让你与美味
不再失之交臂

为了确保菜谱的可操作性，

本书的每一道菜都经过我们试做、试吃，并且是现场烹饪后直接拍摄的。

本书每道食谱都有步骤图、烹饪秘籍、烹饪难度和烹饪时间的指引，确保您照着图书一步步
操作便可以做出好吃的菜肴。但是具体用量和火候的把握也需要您经验的累积。

受多方因素影响，食材的热量值并非始终固定且唯一，书中的热量值仅为参考值。

—————— [关于沙拉]

工具　有这些利器在手，做起沙拉才能事半功倍！

沙拉碗
造型简单大方的大口径沙拉碗，用来拌沙拉棒棒哒！

蔬菜切片切丝器
做沙拉造型很重要，切个片、刨个丝，有它最方便！

料理机
做沙拉酱汁没有料理机怎么行？！

量勺
对新手来说，没什么比分量准确更重要的了……

搅拌套件
一把大勺一把叉，便是沙拉入味的秘密！

榨汁机
柠檬、橙子、西柚榨汁只爱它！

————— [关于三明治] —————

种类

总汇三明治
也叫俱乐部三明治，是传统三明治之一，用三层面包片夹馅。

开放式三明治
来自丹麦的美食经典，这种三明治没有"盖子"，只以单片面包做底，多以粗粮面包为主。

潜艇三明治
用长条面包制作的三明治，著名美式三明治品牌"赛百味"所出售的就是典型的潜艇三明治。

法棍三明治
对待美食，精致的法国人有自己的坚持，就连三明治也不例外，他们最喜欢用各式法棍夹馅吃。

贝果三明治
用贝果面包制作的三明治品种。

帕尼尼
在意大利，帕尼尼就是三明治的代名词，质地坚实，表面有金黄焦痕是它的标志。

卷饼
包括中东地区的皮塔饼（PITA）、墨西哥卷饼（TACO）、越南春卷，还有法国的可丽饼。

面包

面包是三明治的基础，不同的面包决定了三明治不同的口感和味道。

切片吐司
最常见的三明治用面包，质地柔软，糖、奶、油的比例较高。

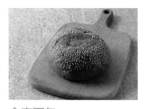

全麦面包
用全麦面粉制作的面包，富含膳食纤维，质地较粗糙，是较为健康的面包品种之一。

杂粮面包
用五谷杂粮制作的面包，富含膳食纤维，能平衡人体的营养需求。

可颂面包
可颂面包层次分明，吃起来酥脆掉渣，搭配清爽的食材最为适宜。

夏巴塔面包（Ciabatta）
意大利的传统面包品种，是制作帕尼尼三明治的必备面包品种之一。

法棍
最传统的法式面包，外表酥脆，很有嚼劲。

贝果
也称百吉饼，它的特色是将发酵过后的面包放入沸水中煮过，再进行烘烤。质地扎实有韧劲。

卷饼
用玉米粉或面粉制作的卷饼，是墨西哥卷饼（TACO）的必备材料。

松饼
这里主要指的是英式松饼，其质地多孔，富有弹性。

可丽饼
源于法国的煎饼，做法基本和我们的煎饼馃子一致。

工具

多士炉
想让面包片有松脆口感，
你一定要拥有它。

烤箱
烤牛排、烤棉花糖……只
要你想到的，都可以烤。

三明治机
懒人必备神器，帮你更方
便地制作三明治。

面包刀
可以用来切面包、切肉。

抹刀
抹果酱、抹酱汁的利器。

模具
用来制作口袋三明治、造
型三明治。

包装vs保存

馅料丰富的三明治应该怎么包装？如何保存才能让我的三明治口口新鲜如初？

包装

1 药包包装法：

a 用一张宽度为吐司长度3倍的油纸，将三明
治底部朝上放置在中间。

b 拉起上下两侧的油纸对齐，朝下对折2厘
米，然后按此宽度反复向下折叠，直至折叠到
三明治表面。

c 将左右任一侧的油纸向内折，折成三角
形，将这三角形向下折叠到三明治底下；另一
侧的油纸也同样操作。

d 用胶带或麻绳固定。

e 适用于不立即食用的情况，吃的时候用刀
纵向切开即可。

2 口袋包装法:

a 用一张宽度约为三明治长度3倍的油纸,上下两边各向内折2厘米的围边。

b 将三明治放在一侧围边的中间位置。

c 将下侧的油纸拉起折向三明治,一定要紧贴包裹住三明治,再把左右两侧的油纸朝内折。

d 用胶带或麻绳固定。

e 适用于立即食用的情况。

3 长条三明治包装法:

a 根据三明治的大小,将油纸裁成长度为宽度2倍的长方形。

b 将长条三明治用油纸缠绕起来,绑上麻绳,打上蝴蝶结。

c 适用于法棍、潜艇三明治等长条三明治。

4 卷饼包装法:

a 取一张宽度为卷饼长度2.5倍的正方形油纸。

b 将卷饼放置在任一角上。

c 提起放置卷饼的那一角,紧贴卷饼卷起,卷至油纸对角线位置。

d 将左右两侧的油纸向中间对折,继续向前滚卷三明治,最后一个角收入折缝中。

e 用麻绳或胶带固定。

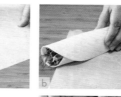

保存　三明治在室温的情况下可保鲜12小时，所以最好能当天做当天吃。
如不能立即食用，可用保鲜膜将三明治整个包裹起来放入冰箱冷藏存放。

─────────────── [关于食材] ───────────────

蔬菜基底　选对蔬菜基底是沙拉好吃与否的关键！

菊苣

不管是红菊苣还是比利时菊苣，都是蔬菜中的"颜值担当"！

苦菊

怪异的"长相"让人印象深刻，能增加饱腹感，促进肠道蠕动。

生菜

球生菜、奶油生菜、罗马生菜、松叶生菜……庞大的生菜家族，是沙拉基底的主力军！

芝麻菜

气味特别的网红沙拉菜，有人就爱它的一丝苦味！

牛心菜

切成细丝的牛心菜，你会爱上它！

菠菜

大家熟识的菠菜其实也是沙拉基底的常客。

蛋白质　无论是植物蛋白还是动物蛋白，能给我们提供能量的都是好蛋白！

鸡肉

脂肪含量几乎为零的鸡肉，是沙拉常用的材料，也是优质动物蛋白的来源。

牛肉

高蛋白低脂肪的牛肉，还含有丰富的铁和肌氨酸。

鱼

无论是淡水鱼还是深海鱼，都是优质的动物蛋白来源，多吃几口也不会长胖！

虾

鲜甜弹牙的虾仁也是沙拉中提供优质蛋白质的主力军。

火腿

平价的火腿片，和"高级脸"的伊比利亚生火腿，你更爱哪个？

奶酪

不要因为奶酪热量高就将它拒之门外，高营养的奶酪能提供你一天的能量所需，适量摄入很有好处。

豆类

黄豆、芸豆、豆腐、豆干、黑豆……豆子都到碗里来！

配料　　想要不一样，就给沙拉来点"天然调味品"！

溏心蛋　　卤制过的溏心蛋，带着满满的幸福感。

做法

1 将日式酱油、味醂、水按1:1:3的比例调制成酱汁，煮开后放凉。

2 在奶锅中放适量水，水量以没过鸡蛋为宜。

3 大火烧至水沸腾后煮4分钟后关火，继续闷2分钟。

4 将煮好的鸡蛋放入冰水中泡15分钟。

5 将鸡蛋浸泡在酱汁中冷藏过夜，即可享用。

酸黄瓜
俄式的、德式的、法式的，无论哪种酸黄瓜，都是开胃佳品。

肉臊
只要一点点，就能让沙拉的口感瞬间得到提升！
做法见【116页肉臊溏心蛋三明治】

藜麦
想要高颜值和好营养，怎么能少得了藜麦的身影！
做法见【26页煎牛排沙拉】

加点嚼劲 有了色彩和营养，当然也不能少了好口感。

坚果
腰果、杏仁、开心果、核桃……你要的营养它们都有。

谷物
燕麦、玉米片、黑米、小米……都是绝佳的主食替代品。

蜜饯
葡萄干、蔓越莓干、樱桃干……添点色彩，添点滋味。

加点色彩 俗语说"色香味俱佳"，这"色"既然摆在第一位，说明外观对于沙拉也是很重要的！

小番茄
酸酸甜甜的小番茄，绿的、红的、黄的、黑的，色彩纷呈，看着就有食欲。

樱桃萝卜
水嫩嫩的樱桃萝卜，是高颜值的代名词。

三色彩椒
维生素C含量爆表，沙拉里怎么可以少了它？！

[沙拉酱&抹酱]

沙拉的灵魂、三明治的风味全在这点点滴滴的酱汁里!

油醋汁 沙拉酱汁里最基础的酱汁,不同的油醋比例会带来不同的味觉体验。

意式油醋汁 油醋汁的"开山鼻祖",除了拌沙拉外,拿来蘸面包也很好吃。

材料

橄榄油3汤匙 | 红酒醋1汤匙 | 蜂蜜 1茶匙 | 现磨胡椒粉少许 | 盐适量

做法

1 红酒醋、蜂蜜混合,加入现磨胡椒粉。

2 倒入橄榄油搅拌均匀。

3 撒入适量的盐。

4 用勺子快速搅拌至乳化。

5 搅拌好后尽快食用。

要点
油醋的比例为3:1,可根据个人喜好加适量的盐。

日式油醋汁　用温和的日式调味料调出的油醋汁口感清爽，搭配海鲜、果蔬食用滋味很美妙。

材料

色拉油2汤匙｜柠檬汁1汤匙｜日式薄口酱油1汤匙｜蒜泥1汤匙｜熟芝麻适量

做法

1 将所有材料混合搅拌。　2 搅拌至乳化即可。

大蒜油醋汁　在经典的意式油醋汁的基础上添加了蒜蓉，使得这款酱汁风味更加浓烈。

材料

橄榄油150毫升｜巴萨米克醋50毫升｜大蒜4瓣｜柠檬半个｜盐适量｜现磨黑胡椒碎适量

做法

1 大蒜洗净去皮，用压蒜器压成蒜蓉。

2 半个柠檬榨汁备用。

3 将巴萨米克醋与柠檬汁加入蒜蓉中，搅拌均匀。

4 倒入橄榄油，用打蛋器搅拌均匀，或者放入密封杯中使劲摇匀。

5 根据个人口味加入适量的盐和现磨黑胡椒碎调味即可。

蛋黄酱　最基础的乳化沙拉酱，搭配土豆和水果最适合。

如果家里的鸡蛋没经过巴氏消毒，别轻易在家用生蛋黄制作蛋黄酱。

凯撒酱　在蛋黄酱基础上调制而成，凯撒沙拉的标配酱汁。

材料

蛋黄酱3汤匙｜柠檬汁15毫升｜黄芥末1茶匙｜辣酱油1茶匙｜蒜泥1汤匙｜罐头凤尾鱼3条｜帕马森奶酪（磨碎）适量｜洋葱末适量

做法

将蛋黄酱、黄芥末、柠檬汁、辣酱油、蒜泥、洋葱、凤尾鱼、帕马森奶酪依次放入食物料理机，打至顺滑即可。

千岛酱　在蛋黄酱的基础上，加入酸爽的番茄酱汁和酸黄瓜碎粒，口味更加浓郁。

材料

蛋黄酱300毫升｜番茄酱100毫升｜俄式酸黄瓜3根

做法

1 将番茄酱倒入蛋黄酱中，搅拌均匀。

2 将俄式酸黄瓜切成碎丁，加入酱汁中拌匀即可。

日式芝麻酱

轻甜的日式芝麻酱能突出食物的新鲜本味，最适合搭配蔬菜、豆腐等素食沙拉。

材料

蛋黄酱2汤匙｜芝麻酱1汤匙｜白芝麻2茶匙｜日式薄口酱油1茶匙｜味醂1茶匙｜醋1茶匙

做法

1 将白芝麻放入锅中，烘焙出香味后放凉。

2 将所有调料搅拌均匀即可。

芥末酱

自带强烈刺激属性的芥末酱，能充分调动出食物的鲜味。

芥末甜味花生酱

中西合璧的芥末甜味花生酱，融合了法式第戎黄芥末酱、中式芝麻酱的双重口感，并添加了大量的辅料和调味品，口感非常丰富，虽然制作略为繁琐，但用来搭配各种沙拉都会立即使味道得到大幅的提升。

材料

松子仁10克｜花生酱3汤匙｜白醋2茶匙｜蜂蜜2茶匙｜柠檬汁1茶匙｜第戎芥末酱2茶匙｜现磨黑胡椒碎1/2茶匙｜大蒜2瓣｜盐少许

做法

1 将松子仁放在平底锅中，干锅炙香，盛出后碾碎。

2 将大蒜拍松，去皮，然后切成碎末。

3 将所有材料放在一起搅拌均匀。

4 根据需求加入少许凉白开，调配好酱汁的黏稠度即可。

酸奶芥末酱

酸奶芥末酱用来搭配油炸类食物最适合不过了。

材料

希腊酸奶3汤匙｜黄芥末酱1汤匙｜柠檬汁2茶匙｜现磨黑胡椒碎适量｜欧芹碎少许

做法

1 将希腊酸奶、黄芥末酱、柠檬汁、欧芹碎放入碗中，磨入黑胡椒碎。

2 将所有调料混合搅拌均匀即可。

蜂蜜芥末酱

层次丰富的蜂蜜芥末酱适合搭配烧烤的肉食食用。

材料

蛋黄酱2汤匙｜黄芥末酱2汤匙｜蜂蜜1汤匙｜柠檬汁1茶匙

做法

将所有调料混合搅拌均匀即可。

松子
罗勒青酱

最传统的意式冷意酱，浓郁的香草口味让人齿颊留香，常用于制作意面或沙拉。

材料

鲜罗勒200克 | 平叶欧芹50克 | 松子仁10克 | 橄榄油2汤匙 | 蒜蓉1克 | 奶酪粉5克 | 海盐少许 | 黑胡椒碎少许

做法

1 将鲜罗勒和欧芹分别择叶，洗净。

2 松子仁入烤箱160℃烤3分钟，取出放入小碗中。

3 将所有材料放入料理机中搅打顺滑。

4 取出装瓶，可冷藏保存两周。

牛油果酱

墨西哥风味的牛油果酱适合搭配玉米片或者做三明治抹酱。

材料

牛油果1个 | 洋葱 1/4个（约20克） | 柠檬汁10毫升 | 番茄1/2个 | 现磨黑胡椒碎少许 | 盐少许

做法

1 牛油果去皮、去核、切丁。

2 淋上柠檬汁防止牛油果氧化。

3 番茄、洋葱洗净，切丁。

4 将一半牛油果放入搅拌机打匀。

5 将打好的牛油果、番茄丁、洋葱丁及剩下的牛油果混合均匀，撒上适量的盐和黑胡椒碎。

香草乳酪酱

这款抹酱适合搭配全麦面包食用。

材料

奶油奶酪50克 | 帕马森奶酪15克 | 洋葱1/4个（约20克） | 红椒1/4个（约10克） | 罗勒碎适量 | 欧芹碎适量 | 色拉油适量

做法

1 洋葱、红椒洗净切末。

2 平底锅加热，加入适量的色拉油，将洋葱丁和红椒丁煸出香味。

3 加入帕马森奶酪、罗勒碎和欧芹碎。

4 待奶酪稍稍融化后，加入奶油奶酪，关火搅拌均匀即可。

酸黄瓜塔塔酱

塔塔酱以蛋黄酱作底，加入酸黄瓜，是海鲜、油炸食物的黄金搭档。

材料

蛋黄酱100毫升 | 黄芥末酱30毫升 | 熟鸡蛋1个 | 洋葱1/4个（约20克） | 酸黄瓜15克 | 罗勒碎10克 | 欧芹碎10克 | 柠檬汁10毫升 | 现磨黑胡椒碎少许

做法

1 熟鸡蛋捣碎，洋葱、酸黄瓜切碎。

2 将鸡蛋碎、洋葱碎、酸黄瓜碎、罗勒碎和欧芹碎混合均匀。

3 倒入蛋黄酱、黄芥末酱以及柠檬汁、黑胡椒碎，搅拌均匀即可。

**卡士
达酱**

甜甜的卡士达酱适合作为小茶点的抹酱担当，适合与水果、坚果、巧克力搭配。

材料

低筋面粉15克丨玉米淀粉15克
丨细砂糖25克丨牛奶250毫升丨
蛋黄3个丨无盐黄油35克

做法

1 将蛋黄倒入打蛋盆中，加细砂糖搅拌至发白。

2 加入低筋面粉和玉米淀粉搅拌均匀。

3 牛奶倒入奶锅中加热至沸腾，从高处缓缓倒入蛋黄糊中，用打蛋器搅拌均匀。

4 将打蛋盆隔水小火加热，同时不停地搅拌防止结块。

5 搅拌成浓稠的酱汁后关火。

6 趁热拌入黄油搅拌均匀。

7 在卡士达酱表面覆盖上保鲜膜，放入冰箱冷藏即可。

**酱汁
的保存**

无论是哪种酱汁，最好现做现吃。
如果一次性做得很多，最好密封保存。淋上一层橄榄油或表面覆盖上一层保鲜膜以隔绝空气的进入。

[三明治+沙拉的搭配]

一份沙拉，一份三明治，怎么搭配才能吃得饱还能吃得营养？

按食材搭　全荤食、全素食，或者一荤一素的搭配，把你的纠结症解决在萌芽中！

如果你是个肉食主义者，那煎牛排沙拉+法兰克福香肠三明治的搭配一定是你的首选！

如果你是个素食主义者，双色番茄沙拉+爽脆莲藕三明治的搭配一定能满足你的需求！

如果你偏爱海鲜，那推荐你选择西柚扇贝沙拉+综合海鲜总汇三明治的搭配。

按口味搭　如果你喜欢某种风味，可以选择同系列的三明治和沙拉。

比如你喜欢日式和风口味的，你就可以选择日式姜烧猪肉卷+秋葵玉米沙拉的搭配。

你也可以选择重口味的三明治搭配清爽系的沙拉，比如BBQ鸡肉爆浆三明治+凤梨薄荷罗勒沙拉。

当然你也可以甜咸搭配：来份肉桂苹果三明治搭配鲜虾西蓝花水芹沙拉。

按营养搭　如果是正餐，当然是根据每日必需摄取的营养来进行荤素合理搭配啦！

具体公式：24%的蔬菜+10%的肉类+10%的谷类+15%的水果+2%的坚果
例如：酒渍樱桃鸭胸沙拉+烤彩椒三明治

CHAPTER

1

肉类

煎牛排沙拉

低卡能量餐　　⏱ 45分钟　🔍 高级

做法

① 四季豆洗净、掐去两端，焯水备用。芝麻菜洗净，沥水备用。迷你胡萝卜洗净，切掉适量的叶子；取一碗清水，将藜麦放在水中浸泡10分钟。

② 蒸锅放入500毫升水烧开后，将泡过水的藜麦放入蒸锅，蒸15分钟后取出备用。

③ 迷你胡萝卜摆在烤盘上，淋上适量的橄榄油，撒上部分黑胡椒碎和海盐，烤箱预热180℃烤15分钟。

④ 牛排于室温下软化，两面抹上适量海盐、黑胡椒碎，腌15分钟。

⑤ 平底锅加1汤匙橄榄油，烧热后放入牛排，单面煎上色后翻面，将牛排煎到自己喜好的熟度。

⑥ 牛排取出后醒5分钟左右，切条。

⑦ 芝麻菜平铺在盘底，摆上牛排、熟藜麦、四季豆和迷你胡萝卜。

⑧ 浇上意式油醋汁即可。

特色

柔软多汁的香煎牛排，搭配缤纷的蔬菜，丰富的层次感，既满足了我们的能量需求，也让我们的眼睛享受了一顿大餐。

主料

肉眼牛排100克 | 藜麦10克 | 芝麻菜80克 | 四季豆6根（约50克） | 迷你胡萝卜6根（约100克）

辅料

橄榄油适量 | 现磨黑胡椒碎适量 | 海盐适量 | 意式油醋汁20毫升

食材	参考热量
肉眼牛排100克	100千卡
芝麻菜80克	20千卡
迷你胡萝卜100克	32千卡
藜麦10克	37千卡
四季豆50克	16千卡
意式油醋汁20毫升	12千卡
合计	217千卡

烹饪秘籍

刚烤好的牛排一定要醒几分钟，这样做能让牛排充分吸收肉汁，肉不会变柴。

营养贴士

牛肉富含蛋白质，其氨基酸的组成比猪肉更接近人体的需要，能提高机体的抗病能力。

索引

蒜香吐司牛排沙拉

🕐 30分钟
🔍 中等

做法

❶ 洋葱洗净，切成细丝，加少许盐腌渍备用。

❷ 大蒜洗净后用刀拍松，去皮后压成蒜泥，加适量盐调匀。

❸ 黄油取一半量用微波炉中火加热 10 秒钟，化开成液体，加入蒜泥拌匀。

❹ 烤箱 180℃预热后，将黄油蒜泥涂抹在吐司片上，放入烤箱上层烤 5 分钟后关火，用余温继续闷烤备用。

❺ 炒锅烧热后加入剩余的黄油，放入牛排煎至个人喜好的程度，盛出稍微冷却后切成适口的小块。

❻ 将牛排搭配的黑椒汁放入锅中加热后关火备用。

❼ 芝麻菜去根洗净，切成小段。

❽ 将烤好的吐司切成适口的小块，与洋葱丝、芝麻菜、牛排块一起放入沙拉碗，浇上熬好的黑椒汁即可。

特色

牛排配上蒜香脆吐司和意大利的芝麻菜，组成的沙拉瞬间变得高端大气上档次，给味蕾以五星级的享受。

主料

吐司1片（约60克）｜牛排1块（约100克）｜洋葱1/2个（约40克）｜芝麻菜50克

辅料

大蒜3瓣｜黄油20克｜盐适量｜黑椒汁20毫升

食材	参考热量
吐司60克	167千卡
黄油20克	178千卡
牛排100克	100千卡
芝麻菜50克	13千卡
黑椒汁20毫升	26千卡
洋葱40克	16千卡
合计	500千卡

———— 烹饪秘籍 ————

1. 如果没有这种即食牛排，也可以用牛肉，切成小块。搭配超市调味品区贩售的黑椒汁即可。

2. 洋葱切起来很辣眼，可以将洋葱提前放入冰箱，会一定程度减轻切开时释放出的刺激气味。

营养贴士

牛肉富含蛋白质、B族维生素、钙、磷、铁等营养成分，可以滋养脾胃、强筋健骨。

黑胡椒牛肉丸沙拉

超给力的肉丸

🕐 30分钟

🔍 高级

做法

❶ 红甜椒和黄甜椒洗净、切丁。黄瓜洗净、切丁。

❷ 洋葱去皮、洗净后，切成细末。

❸ 平底锅放入橄榄油，下入部分蒜末、洋葱末，煸炒出香味后盛出。

❹ 牛肉末放入盆中，磕入鸡蛋，加入盐和黑胡椒碎，向一个方向搅拌上劲。

❺ 加入剩余洋葱末及少许蒜末搅拌匀。

❻ 锅中放橄榄油烧热，将牛肉馅挤成小丸子下入锅中，小火炸熟后捞出晾凉。

❼ 将红酒醋、橄榄油、白胡椒粉、法香碎、盐和剩余蒜末放入碗中混合均匀，制成红酒油醋汁。

❽ 红甜椒丁、黄甜椒丁、黄瓜丁和牛肉小丸子混合，加入红酒油醋汁拌匀即可。

主料

牛肉末200克 | 洋葱1/2个（约40克） | 红甜椒1/2个（约25克） | 黄甜椒1/2个（约25克） | 黄瓜1根（约120克）

辅料

鸡蛋1个（约50克） | 盐适量 | 蒜末5克 | 红酒醋100毫升 | 现磨黑胡椒碎5克 | 橄榄油5毫升 | 法香碎5克 | 白胡椒粉1茶匙

食材	参考热量
牛肉末200克	237千卡
鸡蛋50克	72千卡
红酒醋100毫升	19千卡
洋葱40克	16千卡
甜椒50克	13千卡
黄瓜120克	20千卡
合计	377千卡

烹饪秘籍

若想肉丸色香味俱全，可以先炸一次定形后再复炸一次。第一次用约六成热的油温，中小火恒温慢炸，让丸子定形、内外熟透，表面略变金黄后捞出，提升油温至九成热，下入丸子大火将表面炸至焦黄酥脆后捞出。

营养贴士

生吃洋葱能预防感冒，同时洋葱还能帮助女性抑制自由基所造成的老化。

特色

扎实的肉丸简单地用盐和黑胡椒提味，更突显牛肉的鲜味，红酒醋和橄榄油调合成的油醋汁清新爽口。

孜然羊肉烤孢子甘蓝沙拉

天山下的味道

🕐 35分钟　🔍 中等

做法

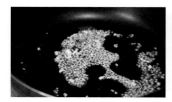

❶ 锅内放入色拉油烧热，油温在六成热左右，放入姜末、蒜末爆香。

❷ 放入羊肉卷翻炒，倒入料酒、生抽继续翻炒均匀。

❸ 出锅前撒上孜然粒和白芝麻继续翻炒均匀后盛出备用。

❹ 孢子甘蓝择掉表面不干净或不新鲜的叶片后洗净，对半切开。

❺ 红薯去皮、洗净，切成比孢子甘蓝略大一点的块状。

❻ 将红薯块和孢子甘蓝放入容器中，加入适量的色拉油、盐、黑胡椒碎搅拌均匀。

❼ 将红薯块和孢子甘蓝倒入烤盘中平铺开，放入180℃预热好的烤箱烤15分钟左右。

❽ 将烤好的红薯块、孢子甘蓝和孜然羊肉混合，淋上酸奶即可。

特色

这是一道中菜西做的融合菜，地道的孜然羊肉配上烤得焦香四溢的孢子甘蓝，让人食欲大增。

主料

羊肉卷100克 | 孢子甘蓝100克 | 红薯1个（约120克）| 白芝麻适量

辅料

色拉油10毫升 | 孜然粒适量 | 生抽1汤匙 | 盐2克 | 料酒1汤匙 | 酸奶30毫升 | 姜末1茶匙 | 蒜末1茶匙 | 黑胡椒碎适量

食材	参考热量
羊肉卷100克	230千卡
孢子甘蓝100克	36千卡
红薯120克	119千卡
酸奶30毫升	22千卡
合计	407千卡

烹饪秘籍

这道菜适用孜然粒调味，香味更加自然，如果没有孜然粒也可用孜然粉代替。

营养贴士

羊肉肉质细嫩，易消化，富含蛋白质和多种维生素，有助于促进血液循环，提高身体机能，增强抵抗力。

玉米笋生火腿沙拉

火腿要这样吃

🕐 15分钟

🔍 简单

做法

❶ 玉米笋剥皮、去须后洗净，斜切成两半。

❷ 起锅，放入500毫升水烧开后，将玉米笋焯熟备用。

❸ 苦菊叶洗净、沥干后，挤入少许柠檬汁和橄榄油调味。

❹ 将苦菊叶平铺在盘底，摆上生火腿片和玉米笋。

❺ 用刨片器将帕马森奶酪刨成薄片。

❻ 将帕马森奶酪片和奇亚子撒在菜品上面。

❼ 最后，浇上意式油醋汁即可。

特色

生火腿回香绵长，口感无与伦比，玉米笋色泽诱人，配上同样醇厚的奶酪，便是一道经典意式沙拉。

主料

生火腿片30克｜玉米笋15克｜苦菊叶100克｜奇亚子适量

辅料

意式油醋汁20毫升｜帕马森奶酪15克｜柠檬半个｜橄榄油适量

食材	参考热量
生火腿片30克	44千卡
玉米笋15克	2千卡
苦菊叶100克	56千卡
意式油醋汁20毫升	12千卡
帕马森奶酪15克	59千卡
合计	173千卡

烹饪秘籍

苦菊叶可替换成任何可生吃的沙拉绿叶菜。

营养贴士

玉米笋低糖高纤维，相同分量的玉米笋热量仅为是玉米的1/3，是维持体重很好的食物。

索引

越式猪肉河粉沙拉

东南亚风味 | ⏱ 20分钟 | 🔍 简单

做法

❶ 洋葱去皮、洗净、切丝。白萝卜去皮、洗净、切丝。绿豆芽洗净后去根。猪肉洗净、切片。小红辣椒洗净、切碎。

❷ 白萝卜丝和绿豆芽焯水备用。

❸ 锅内放入500毫升的水烧开，放入河粉烫7分钟后捞出，淋上色拉油备用。

❹ 起油锅，倒入1汤匙色拉油烧热，放入洋葱煸炒出香味。

❺ 放入猪肉片炒熟后盛出备用。

❻ 将柠檬挤汁，倒入鱼露、生抽、姜末、蒜末、白糖和小红辣椒碎，混合成越南酱汁。

❼ 将肉片、洋葱丝、白萝卜丝、绿豆芽、九层塔、薄荷叶、河粉以及调好的越南酱汁混合均匀后装盆。

❽ 撒上熟花生碎即可。

特色

各种香草层叠出来的丰富味道，配合鱼露的鲜以及柠檬的清香，既可作为前菜也能直接当作主食，让你胃口大开。

主料

猪肉50克 | 洋葱1/2个（约40克）| 白萝卜30克 | 绿豆芽20克 | 河粉100克

辅料

小红辣椒5克 | 九层塔适量 | 薄荷叶6片 | 柠檬半个 | 鱼露1汤匙 | 生抽1汤匙 | 白糖5克 | 姜末5克 | 蒜末5克 | 色拉油1汤匙 | 熟花生米碎1汤匙

食材	参考热量
猪肉50克	72千卡
洋葱40克	16千卡
白萝卜30克	7千卡
绿豆芽20克	4千卡
河粉100克	220千卡
合计	319千卡

烹饪秘籍

小红辣椒的辣味较重，不太能吃辣的可将小红辣椒换成红甜椒。

营养贴士

有便秘困扰的人可以经常吃些白萝卜，它能促进消化，帮助排出体内毒素。

韩式烤肉风味沙拉

🕐 25分钟
🔍 中等

做法

❶ 猪五花肉洗净、切片。大蒜切片。球生菜叶洗净，擦干水分备用。

❷ 将胡萝卜去皮、切丝。黄瓜洗净、切丝。韩国泡菜切碎。香菇洗净、切片。

❸ 将韩式辣酱、蜂蜜、生抽、大蒜、姜末、白芝麻混合成烤肉酱汁。

❹ 把五花肉片放入容器里，倒入烤肉酱汁，腌10分钟。

❺ 平底锅烧热后，放入黄油融化，放入五花肉煎至单面变色后翻面，至两面焦黄后盛出备用。

❻ 起油锅，放1汤匙油烧热后，将胡萝卜丝、黄瓜丝和香菇片混合炒熟，盛出备用。

❼ 将烤好的五花肉、综合蔬菜丝、韩国泡菜混合均匀。

❽ 装入球生菜叶内即可。

主料

猪五花肉100克 | 胡萝卜1根（约110克）| 球生菜叶6片（约20克）| 韩国泡菜20克 | 黄瓜1根（约120克）| 香菇3个（约30克）

辅料

韩式辣酱2汤匙 | 蜂蜜2汤匙 | 生抽2汤匙 | 白芝麻适量 | 大蒜2瓣 | 姜末5克 | 黄油5克 | 油适量

食材	参考热量
猪五花肉100克	568千卡
胡萝卜110克	43千卡
球生菜叶20克	3千卡
韩国泡菜20克	8千卡
黄瓜120克	20千卡
香菇30克	8千卡
合计	650千卡

烹饪秘籍

腌五花肉时，可加入适量的韩国泡菜汁，能使五花肉的口感肥而不腻，格外香浓。

营养贴士

泡菜含有丰富的乳酸菌和维生素，既能提供充足的营养，又能降低胆固醇，防止动脉硬化。

特色

肥瘦相间的五花肉经过煎烤，呈现如玉般温润的质感，而作为辅料的泡菜更是把烤肉的魅力发挥到了极致。一口一片，让无肉不欢的你得到充分的满足。

糖醋里脊糙米沙拉

偶尔放纵一下

⏱ 50分钟
🔍 高级

做法

❶ 糙米淘洗干净，提前浸泡2小时后，放入电饭锅，加2倍水，蒸熟。

❷ 里脊切成小块，加1茶匙料酒，腌渍片刻。

❸ 莲藕去头，削皮，切成与里脊同样大小的块，放入沸水中，中小火煮3分钟捞出，沥干水分备用。

❹ 圆白菜洗净，切成细丝。盛出100克糙米饭，摊开晾凉。

❺ 将面粉和鸡蛋加少许盐调成蛋糊，将切好的里脊块放入，裹满蛋糊。

❻ 花生油烧至七成热，放入裹好蛋糊的里脊块，小火炸至金黄色捞出，用厨房纸巾吸去多余的油分，备用。

❼ 将糖醋汁倒入烧热的炒锅，熬到浓稠即可关火。放入炸好的里脊和煮好的藕丁，翻匀后撒上少许烘焙脱皮白芝麻。

❽ 在糙米饭上铺满圆白菜丝，再将糖醋里脊藕丁倒在最上层，挤上蛋黄酱即可。

主料

熟糙米饭100克 | 里脊肉100克 | 莲藕100克 | 圆白菜50克

辅料

花生油 500克（实用20克左右）| 面粉30克 | 鸡蛋1个（约50克）| 蛋黄酱20毫升 | 糖醋汁20毫升 | 料酒1茶匙 | 盐少许 | 烘焙脱皮白芝麻少许

食材	参考热量
熟糙米饭100克	111千卡
里脊肉100克	155千卡
莲藕100克	73千卡
圆白菜50克	12千卡
花生油20克	180千卡
面粉30克	105千卡
鸡蛋50克	72千卡
蛋黄酱20毫升	145千卡
糖醋汁20毫升	105千卡
合计	958千卡

烹饪秘籍

1. 里脊肉可以提前放入冷冻室半小时左右，会更加好切。
2. 没有莲藕的季节，可以替换为其他自己喜欢的蔬菜，例如洋葱、西芹、土豆等。

营养贴士

莲藕的营养价值很高，富含铁、钙等矿物质，植物蛋白质、维生素以及淀粉含量也很丰富，常食有增强人体免疫力的作用。

特色
把高热量的糖醋里脊做成沙拉，搭配健康的糙
米和蔬菜，特别解馋，也特别适合减脂平台期
时食用。

枫糖
培根沙拉挞

咸甜混合的好味

⏱ 20分钟 　🔍 简单

做法

❶ 土豆洗净，煮熟，压成泥备用。罗勒洗净，切碎备用。

❷ 挞皮用叉子戳几个洞，烤箱预热180℃。

❸ 将挞皮放入烤箱，烤10分钟后取出，放凉备用。

❹ 培根切丁，放入平底锅内煎至香脆。

❺ 出锅前倒入枫糖浆翻炒均匀。

❻ 将土豆泥、枫糖培根丁和凯撒酱混合搅拌均匀。

❼ 用勺子将沙拉填入挞皮里。

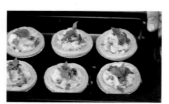

❽ 表面装饰上罗勒碎即可。

特色

加拿大特有的枫糖浆搭配被煎得焦香酥脆的培根，无论是作为营养早餐还是正餐前的前菜小食都十分合适。

主料

培根3片（约60克）| 土豆2个（约400克）| 挞皮6个（约60克）

辅料

枫糖浆10毫升 | 凯撒酱20毫升 | 罗勒适量

食材	参考热量
培根60克	108千卡
土豆400克	308千卡
凯撒酱20毫升	56千卡
枫糖浆10毫升	26千卡
挞皮60克	241千卡
合计	739千卡

烹饪秘籍

枫糖培根丁可一次性多做一点，存入密封罐中备用。

营养贴士

枫糖浆气味芬芳，含有丰富的矿物质，热量比一般的蔗糖低得多，适合搭配松饼、培根食用。

索引

香肠通心粉沙拉

🕐 25分钟

🔍 简单

做法

❶ 红甜椒洗净、切丁。黑橄榄切片。莳萝切碎。

❷ 烤箱预热180℃，将核桃仁放入烤箱中，烤5分钟后取出，放凉，掰碎。

❸ 香肠洗净、切片，上锅蒸5分钟后放凉备用。

❹ 锅内放入500毫升的水，烧开后加5克盐。

❺ 放入通心粉煮9分钟，关火闷5分钟后，捞出过凉水备用。

❻ 将香肠片、通心粉、红甜椒丁、黑橄榄、熟核桃仁碎混合搅拌均匀。

❼ 将日式油醋汁淋在拌好的沙拉上。

❽ 撒上莳萝碎即可。

主料

香肠1根（约75克）｜通心粉50克｜红甜椒1/2个（约25克）｜核桃仁10克｜黑橄榄5个（约10克）

辅料

莳萝10克｜盐适量｜日式油醋汁30毫升

食材	参考热量
香肠75克	381千卡
通心粉50克	180千卡
红甜椒25克	6千卡
核桃仁10克	78千卡
黑橄榄10克	18千卡
日式油醋汁30毫升	55千卡
合计	718千卡

烹饪秘籍

通心粉可选择管状面、螺旋面或蝴蝶面。

营养贴士

黑橄榄的维生素C含量很高，约是苹果的10倍，同时红甜椒也含有丰富的维生素C，可以提升免疫力。

索引

特色
香肠通心粉是最简单的意式菜肴，荤素搭配
合理，同时还添加了喷香的核桃仁，配合清
爽的日式油醋汁，口感极佳。

焦糖洋葱牛肉帕尼尼

不油腻的肉菜

🕐 30分钟　🔍 中等

做法

❶ 洋葱洗净、去皮、切丝。番茄洗净、切片。叶生菜洗净备用。帕尼尼面包切开。

❷ 牛里脊洗净、切片，加料酒、淀粉，腌制15分钟。

❸ 平底锅烧热，倒入适量橄榄油，放洋葱丝煸炒。

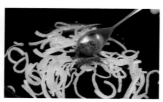

❹ 炒至洋葱变焦糖色后，加适量红糖、盐继续翻炒，盛出备用。

❺ 另起锅烧热，倒入适量橄榄油，放入肉片煸炒至变色，加1汤匙烤肉酱继续翻炒。

❻ 加适量水，收汁后盛出。

❼ 帕尼尼机预热后，放入帕尼尼面包，单面烤出焦痕后翻面，直到两面焦黄，盛出。

❽ 在帕尼尼面包里依次装入叶生菜、番茄片、焦糖洋葱、牛肉片，淋上蜂蜜芥末酱即可。

主料

牛里脊100克 | 洋葱1个（约80克） | 番茄1个（约165克） | 叶生菜2片（约5克） | 帕尼尼面包2个（约150克）

辅料

烤肉酱1汤匙 | 橄榄油10毫升 | 红糖2茶匙 | 盐5克 | 料酒适量 | 淀粉适量 | 蜂蜜芥末酱20毫升

食材	参考热量
牛里脊100克	107千卡
洋葱80克	32千卡
番茄165克	33千卡
叶生菜5克	1千卡
帕尼尼面包150克	178千卡
蜂蜜芥末酱20毫升	32千卡
合计	383千卡

烹饪秘籍

没有帕尼尼面包也可用普通的吐司或法棍代替。

营养贴士

帕尼尼面包含有大量的麦麸，其中含有丰富的膳食纤维和维生素，有促进代谢的功能。

特色

切细的洋葱煎出焦糖色后去除了原有的涩味，独独留下洋葱特有的清甜，大大降低了牛肉的油腻感。

咖喱牛肉末三明治

巧用多余肉馅

🕐 20分钟　🔍 简单

做法

❶ 洋葱、土豆、胡萝卜丁分别去皮、洗净、切丁。大蒜去皮、压成细末。

❷ 锅内放入500毫升的水烧开，放入土豆丁和胡萝卜氽熟后捞出，备用。

❸ 平底锅烧热，倒入1汤匙橄榄油，放入牛肉末煸熟后盛出。

❹ 另起油锅，倒入1汤匙橄榄油，放入洋葱丁、蒜末、姜末煸炒，至洋葱丁变透明。

❺ 放入牛肉末、土豆丁和胡萝卜丁继续煸炒出香味。

❻ 放入咖喱块，加凉水至没过肉末，煮开后转中火。

❼ 煮至水收干后盛出。

❽ 口袋面包对半切开，填入咖喱肉末即可。

特色

利用家里多余的肉馅，就可以做出一款荤素搭配完美的三明治。

主料

牛肉末100克 ｜ 洋葱1/2个（约40克）｜ 土豆1个（约200克）｜ 胡萝卜1根（约110克）｜ 口袋面包2个（约200克）

辅料

咖喱块30克 ｜ 橄榄油2汤匙 ｜ 大蒜2瓣 ｜ 姜末5克

食材	参考热量
牛肉末100克	119千卡
洋葱40克	16千卡
土豆200克	154千卡
胡萝卜110克	43千卡
咖喱块30克	162千卡
口袋面包200克	512千卡
合计	1006千卡

烹饪秘籍

使用现成调过味的咖喱块更方便新手操作，喜欢吃辣的同学可改用辣度较高的咖喱块。

营养贴士

咖喱中所含的姜黄素可促进唾液和胃液的分泌，帮助消化。

火腿
奶酪三明治

🕐 10分钟　🔍 简单

做法

❶ 鸡蛋磕在碗里，打成鸡蛋液。1片奶酪撕碎。

❷ 吐司浸入蛋液里，确保两面蘸满。

❸ 平底锅开中火，放入黄油融化，放入吐司。

❹ 单面煎至焦黄后翻面，直至两面都煎黄盛出。

❺ 在吐司上依次放上奶酪片、火腿，最后盖上另一片吐司。

❻ 烤箱预热200℃，三明治表面撒上奶酪碎后放入烤箱烤10分钟。

❼ 取出后，将三明治切成两半。

❽ 撒上法香碎即可。

特色

简单的材料，简单的做法，只要10分钟，完美的早餐送上！

主料

火腿1片（约30克）｜鸡蛋1个（约50克）｜奶酪片3片（约30克）｜吐司2片（约120克）

辅料

黄油20克｜法香碎适量

食材	参考热量
火腿30克	35千卡
鸡蛋50克	72千卡
奶酪片30克	98千卡
吐司120克	333千卡
黄油20克	178千卡
合计	716千卡

烹饪秘籍

没有烤箱，也可将三明治放入平底锅中烘烤。

营养贴士

如果选用低脂奶酪片，这也是一道不错的健康减肥餐。

法兰克福香肠三明治

名声在外

⏱ 25分钟　🔍 简单

做法

❶ 将法兰克福香肠斜切成片。

❷ 酸黄瓜切片。

❸ 取一片吐司，均匀地抹上烧烤酱。

❹ 依次铺上香肠片、酸黄瓜片。

❺ 撒上奶酪丝。

❻ 盖上另一片吐司。

❼ 放入三明治炉烘烤15分钟。

❽ 取出后对角切成四份即可。

特色

被烘烤得焦香的香肠，配上十分解腻的酸黄瓜，便是经典的德式三明治。如果你喜欢吃香肠就一定不要错过。

主料

法兰克福香肠1根（约20克）｜酸黄瓜1根（约10克）｜奶酪丝15克｜全麦吐司2片（约70克）

辅料

烧烤酱30毫升

食材	参考热量
法兰克福香肠20克	56千卡
酸黄瓜10克	0千卡
烧烤酱30毫升	53千卡
全麦吐司70克	176千卡
奶酪丝15克	49千卡
合计	334千卡

烹饪秘籍

没有三明治炉，也可放入烤箱中或平底锅中烘烤。

营养贴士

全麦面包富含膳食纤维，有很强的饱腹感，比普通面包更管饱。

蜜汁手撕猪肉三明治

花工夫才有肉吃

🕐 3小时 🔍 高级

做法

❶ 蘑菇洗净、切片。

❷ 平底锅烧热，倒上适量油，放入蘑菇片煸炒，出锅前撒上适量盐，翻炒均匀后盛出。

❸ 猪五花肉洗净，放适量盐、香叶、红椒粉、料酒、姜片、花椒，涂抹均匀。

❹ 取一容器，倒入五香粉、蜂蜜、老抽、蚝油、大蒜粉、白芝麻，混合调匀成蜜汁。放入五花肉，冷藏腌制2小时。

❺ 烤箱预热200℃，拣去五花肉上的香料，抹适量油，放入烤箱烤20分钟。

❻ 取出翻面，刷上蜜汁，继续烤20分钟，再翻面刷蜜汁，烤10分钟，最后再翻面，刷剩余的所有蜜汁。

❼ 戴手套将烤好的猪肉撕成细丝。

❽ 取1片吐司，依次码上德国酸菜、蘑菇片和蜜汁猪肉丝即可。

特色

这是一道需要提前一天准备的美食。腌得十分入味的五花肉，用手工撕成条，蘸上独门特制的酱汁，咬上一口，让你获得极大的满足感。

主料

猪五花肉150克｜蘑菇5个（约30克）｜德国酸菜30克｜吐司4片（约240克）

辅料

料酒2汤匙｜姜片2片｜花椒1茶匙｜红椒粉1汤匙｜大蒜粉1茶匙｜香叶2片｜五香粉适量｜蜂蜜2汤匙｜老抽2汤匙｜蚝油1汤匙｜白芝麻2茶匙｜盐适量｜油适量

食材	参考热量
猪五花肉150克	852千卡
德国酸菜30克	12千卡
蘑菇30克	7千卡
吐司240克	667千卡
合计	1538千卡

┤ 烹饪秘籍 ├

1. 五花肉可提前一天腌制，不仅可以节约烹饪时间，而且猪肉会更入味。
2. 酸菜可以中和猪肉的油腻。

营养贴士

五花肉富含动物蛋白，适量食用可补充每日所需蛋白质，对于健身减肥人士来说是很好的解馋食品。

英式玛芬三明治

吐司
新吃法

⏱ 20分钟

🔍 简单

做法

❶ 奶锅开中火烧热，放入黄油融化，取其中的 1/3 备用。

❷ 在剩余的黄油里放入面粉、黑胡椒碎、盐、牛奶，用打蛋器搅拌均匀，待酱汁变浓稠后，盛出放凉。

❸ 吐司切边，用擀面杖擀薄，厚度约为原来厚度的一半。

❹ 吐司两面刷上之前融化的黄油，塞进玛芬模具里。

❺ 吐司片里放入火腿片，打入鸡蛋。

❻ 每个吐司杯里浇上 1 汤匙酱汁。

❼ 在吐司边缘刷上融化的黄油。

❽ 烤箱预热 180℃，放入玛芬杯，烤 15 分钟，出炉后淋上番茄酱即可。

特色

鸡蛋、火腿、吐司，用简单的食材换个做法，让你吃出花样来。

主料

鸡蛋2个（约100克）｜火腿2片（约60克）｜牛奶100毫升｜吐司2片（约120克）

辅料

番茄酱20毫升｜现磨黑胡椒碎5克｜盐少许｜黄油20克｜面粉1汤匙

食材	参考热量
鸡蛋100克	144千卡
火腿60克	70千卡
牛奶100毫升	54千卡
吐司120克	333千卡
番茄酱20毫升	17千卡
黄油20克	178千卡
合计	796千卡

烹饪秘籍

可选择个头小一点的鸡蛋，鸡蛋较大时，可去掉部分蛋清。

营养贴士

牛奶中所含的钙质易被人体吸收，同时还能补充皮肤中流失的水分和蛋白质，能有效抗老化。

日式姜烧猪肉卷

魅力下饭菜

🕐 30分钟

🔍 中等

做法

❶ 梅花肉洗净、切片；球叶甘蓝洗净、切丝；绿豆芽洗净。

❷ 生姜洗净后去皮,榨成姜汁。

❸ 将生姜汁、味醂、清酒调成腌汁,放入肉片腌 30 分钟。

❹ 取一容器,放入生抽、白砂糖、盐、苹果泥、葱末、姜末,混合调匀成酱汁。

❺ 平底锅抹上薄薄的一层油后开中火烧热,放入肉片慢煎。

❻ 等两面煎出淡淡的色泽后,倒入调好的酱汁和绿豆芽继续煎,等肉片煎熟,豆芽变软后盛出。

❼ 平铺卷饼,放入姜烧肉片、豆芽和球叶甘蓝后,卷成卷饼即可。

特色

这是日式经典家常菜生姜烧的升级版,为了去除猪肉的腥味,使用了大量的姜,强烈的味觉碰撞下产生的当然是最好的味道。

主料

梅花肉100克｜生姜20克｜球叶甘蓝2片（约10克）｜绿豆芽15克｜苹果泥20克｜卷饼1张（约45克）

辅料

生抽4茶匙｜味醂4茶匙｜清酒4茶匙｜盐少许｜白砂糖2茶匙｜葱末2茶匙｜姜末适量｜油适量

食材	参考热量
梅花肉100克	155千卡
生姜20克	9千卡
球叶甘蓝10克	3千卡
绿豆芽15克	3千卡
苹果泥20克	11千卡
卷饼45克	133千卡
合计	314千卡

—— 烹饪秘籍 ——

没有味醂可用白砂糖代替,没有清酒可用白葡萄酒代替。

营养贴士

生姜中的姜黄素可以防止老化,女性经常吃姜可以防衰老哦。

瑞典热狗

宜家招牌菜

🕐 20分钟　🔍 简单

特色

去过宜家的朋友，有谁没试过宜家的看家菜——瑞典热狗？超简单的做法，带来熟悉的滋味。

主料

热狗肠1根(约100克) | 热狗面包1个（约50克）

辅料

香叶2片 | 盐1茶匙 | 现磨黑胡椒碎1茶匙 | 番茄酱10毫升 | 蜂蜜芥末酱10毫升

食材	参考热量
热狗肠100克	307千卡
热狗面包50克	135千卡
番茄酱10毫升	8千卡
蜂蜜芥末酱10毫升	16千卡
合计	466千卡

索引

做法

❶ 锅内放入500毫升的水，放入香叶、盐、黑胡椒碎。

❷ 水煮开后放入热狗肠，小火煮10分钟盛出并沥干水分。

❸ 面包放烘烤箱烤5分钟。

❹ 将面包切开。

❺ 夹入煮好的热狗肠。

❻ 淋上番茄酱和蜂蜜芥末酱即可。

烹饪秘籍

市售的热狗肠可分成若干份放入冰箱冷冻保存，每次取其中一份出来烹饪，且冷冻的热狗肠无须解冻，可直接入锅煮。

燕麦海苔 金枪鱼沙拉

合理搭配 助减肥

🕐 35分钟　　🔍 简单

做法

❶ 将农家燕麦片洗净，放入沸水中，小火熬煮 20 分钟左右，捞出，沥干水分备用。

❷ 金枪鱼罐头沥出汁水，鱼肉用勺子捣碎。

❸ 烤海苔用剪刀剪成细条。

❹ 胡萝卜洗净，用刨丝器刨成细丝，放入纯净水中浸泡备用。

❺ 芝麻菜去根、去老叶，洗净，撕开后切成 3 厘米左右的段。

❻ 秋葵洗净、去蒂，放入煮沸的淡盐水中余烫 1 分钟，捞出晾凉，切成 0.5 厘米厚的片。

❼ 将燕麦和秋葵拌匀，放入盘中铺平。

❽ 将金枪鱼和胡萝卜丝以及芝麻菜放入沙拉碗，加蛋黄酱拌匀后倒在秋葵燕麦上，点缀少许海苔丝。

主料

农家燕麦30克｜水浸金枪鱼80克｜即食烤海苔10克｜胡萝卜50克｜芝麻菜30克｜秋葵50克

辅料

蛋黄酱20毫升｜盐少许

食材	参考热量
农家燕麦30克	113千卡
水浸金枪鱼80克	79千卡
即食烤海苔10克	29千卡
胡萝卜50克	20千卡
芝麻菜30克	8千卡
秋葵50克	23千卡
蛋黄酱20毫升	145千卡
合计	417千卡

烹饪秘籍

秋葵最有营养的就是它黏黏的汁液，所以烫秋葵时千万不能切开余烫，以防营养流失。正确的操作方法是整棵烫熟后再进行切分。

营养贴士

燕麦加金枪鱼，这是粗粮与优质蛋白质的超赞搭配，不仅饱腹、提供充足能量，同时也不用担心发胖。

特色

鲜美的金枪鱼泥，咸香的烤海苔，脆嫩的胡萝卜丝，有了它们，平淡的煮燕麦也变得丰盛起来。

金枪鱼藜麦沙拉

低脂
明星菜

⏱ 35分钟　🔍 简单

特色
富含蛋白质的金枪鱼，吃到饱还能瘦下来的藜麦，搭配在一起就成了我们减肥期间的最佳主食。

主料

水浸金枪鱼罐头1个（约180克）｜藜麦30克｜白芸豆（罐装）15克｜酸樱桃干10克｜黄瓜半根（约60克）

辅料

现磨黑胡椒碎少许｜日式油醋汁30毫升

食材	参考热量
水浸金枪鱼罐头180克	178千卡
藜麦30克	110千卡
白芸豆15克	10千卡
酸樱桃干10克	35千卡
黄瓜60克	10千卡
日式油醋汁30毫升	55千卡
合计	398千卡

烹饪秘籍

如果改用干芸豆，需要提前一天泡发。泡发芸豆时水一定要多，并且吃多少泡多少。

做法

❶ 蒸锅放入 500 毫升水烧开后，将藜麦放入蒸锅，蒸 15 分钟后取出备用。

❷ 白芸豆沥干水分备用。

❸ 圣女果洗净，对半切开。黄瓜洗净、切片。

❹ 打开金枪鱼罐头，沥干水分备用。

❺ 取一沙拉碗，将藜麦、金枪鱼、芸豆、黄瓜依次码在盘中。

❻ 撒上酸樱桃干和黑胡椒碎。

❼ 浇上日式油醋汁即可。

营养贴士

藜麦能提供优质的植物蛋白，可以帮素食者补充每天所需的蛋白质。

索引

日式油醋汁　017 页

主料

巴 沙 鱼150克 ｜ 土 豆1个（约200克） ｜ 樱桃萝卜2个（约10克）

辅料

盐少许 ｜ 橄榄油适量 ｜ 日式芝麻酱30毫升 ｜ 欧芹碎 少许

食材	参考热量
巴沙鱼150克	102千卡
土豆200克	154千卡
日式芝麻酱30毫升	70千卡
樱桃萝卜10克	2千卡
合计	328千卡

烹饪秘籍

樱桃萝卜洗净后也可以生食，喜欢爽脆口感的人可直接切片食用。

巴沙鱼土豆沙拉

吃饱又吃好

🕐 35分钟　🔍 中等

特色

这道沙拉有点像清爽版的英伦国菜——炸鱼薯条，但采取了相对健康的嫩煎方式，再配合清爽的日式芝麻酱，饱腹的同时还不怕长胖。

做法

① 巴沙鱼用厨房纸巾吸干水分，用盐抹匀。

② 樱桃萝卜洗净、切薄片。土豆洗净、去皮、切块。

③ 取平底锅加热，倒入少许橄榄油，放入巴沙鱼，双面煎至焦黄后盛出。

④ 将巴沙鱼块切成条状备用。

⑤ 起锅加500毫升水，烧开后放入土豆块，小火煮10分钟左右捞出，沥水备用。

⑥ 将巴沙鱼条、土豆块、樱桃萝卜片码入容器中。

⑦ 淋上日式芝麻酱，撒上欧芹碎即可。

营养贴士

巴沙鱼的蛋白质含量很高，但脂肪含量很少，是理想的减脂食物之一。

三文鱼秋葵沙拉

日系健康轻食

🕐 30分钟　　🔍 中等

做法

① 昆布提前用冷水泡发，将泡发好的昆布切成细丝。秋葵斜切成段。

② 三文鱼淋上柠檬汁，并用少许盐抹匀，上笼蒸8分钟后取出。

③ 等三文鱼略冷却后，用手撕成小块备用。

④ 起锅加500毫升水，烧开后放入秋葵段和昆布丝，小火煮5分钟左右捞出，沥水备用。

⑤ 取一个奶锅，倒入味醂、生抽、白砂糖和100毫升水加热，待糖溶解后倒入醋，关火。

⑥ 将酱汁移到隔了冰水的碗中冷却。

⑦ 将三文鱼块、秋葵、昆布丝码入碗中。

⑧ 撒上熟白芝麻后，淋上冷却好的酱汁即可。

特色

上笼清蒸后的三文鱼肥而不腻，焯水后的秋葵鲜绿欲滴，用来调味的昆布给这道沙拉带来一丝独有的甘甜。

主料

三文鱼100克 ｜ 秋葵100克 ｜ 昆布10克

辅料

柠檬汁少许 ｜ 盐少许 ｜ 味醂1汤匙 ｜ 生抽2汤匙 ｜ 白砂糖1汤匙 ｜ 醋2汤匙 ｜ 熟白芝麻1茶匙

食材	参考热量
三文鱼100克	139千卡
秋葵100克	45千卡
昆布10克	9千卡
合计	193千卡

烹饪秘籍

煮昆布的汤水不要扔掉，放点蔬菜煮一下，就是一道很好喝的昆布蔬菜汤啦。

营养贴士

常吃秋葵可以防止便秘，但肠胃不适的人最好少吃秋葵，以免引起腹泻。

烤番茄
凤尾鱼鲜橙沙拉

维生素盛宴

⏱ 40分钟　🔍 简单

特色
番茄和鲜橙为我们提供了多种维生素，特别是维生素C含量丰富，有助于提高免疫力。而酥香的凤尾鱼则为这道沙拉增添了不一样的口感。

主料

凤尾鱼罐头1个（约180克）｜橙子1个（约200克）｜各色番茄共100克

辅料

现磨黑胡椒碎5克｜盐少许｜柠檬汁2毫升｜橄榄油1汤匙

食材	参考热量
凤尾鱼罐头180克	753千卡
橙子200克	96千卡
番茄100克	20千卡
合计	869千卡

— 烹饪秘籍 —

市面上有各种不同风味的鱼类罐头，均可替换本菜中的凤尾鱼罐头，不同味道的鱼罐头会给菜品带来不一样的风味，比如金枪鱼罐头、茄汁沙丁鱼罐头、鲭鱼罐头、鲱鱼罐头等。

做法

❶ 番茄洗净。橙子去皮，切成小块。

❷ 打开凤尾鱼罐头，取出凤尾鱼，用手将鱼肉撕碎备用。

❸ 将番茄用厨房纸巾吸干水分，均匀地码入烤盘里。

❹ 在番茄上撒上盐、黑胡椒碎和橄榄油。

❺ 烤箱预热200℃，将烤盘放入烤箱，烤15分钟。

❻ 取出烤盘翻拌一次，继续烤15分钟，直到番茄表皮开裂即可。

❼ 将烤好的番茄、凤尾鱼和鲜橙丁装入容器中，淋入柠檬汁即可。

营养贴士

夏天紫外线强烈，经常吃番茄可以防止皮肤变黑老化，同时还能排出体内毒素。

主料

鲜虾10个（约90克）｜西蓝花半个（约150克）｜水芹50克｜苹果半个（约80克）

辅料

柠檬汁少许｜橄榄油1汤匙｜酸奶芥末酱30毫升

食材	参考热量
鲜虾90克	91千卡
西蓝花150克	53千卡
水芹50克	7千卡
苹果80克	43千卡
酸奶芥末酱30毫升	12千卡
合计	206千卡

烹饪秘籍

切好的苹果丁用少许柠檬汁腌一下，可防止苹果氧化变色。

鲜虾西蓝花水芹沙拉

鲜嫩爽脆

⏱ 20分钟　🔍 简单

特色

简单的焯水，最大程度保留了鲜虾的嫩滑弹牙和西蓝花、水芹的清爽翠绿，而用柠檬汁腌过的苹果丁为这道沙拉增添了水果的清香。

做法

❶ 西蓝花洗净、切块。苹果洗净、切丁。水芹洗净后切成段。

❷ 苹果丁加柠檬汁略腌一下。

❸ 起锅加500毫升水，烧开后放入西蓝花块和水芹段，小火煮5分钟左右捞出，沥水备用。

❹ 起锅加500毫升水，烧开后放入鲜虾，小火煮5分钟左右捞出，沥水备用。

❺ 鲜虾冷却后剥去头和壳，淋上适量的橄榄油备用。

❻ 取一容器，将所有食材码入盘中。

❼ 淋上酸奶芥末酱即可。

营养贴士

脸上有色斑或者皮肤偏黑的人，经常吃西蓝花可以淡化色斑，让皮肤更白。

红虾
牛油果沙拉

邂逅大海

⏱ 25分钟　🔍 简单

做法

❶ 阿根廷红虾洗净。黑橄榄去核、切片。

❷ 牛油果对半切开，去皮、去核后切成小块。

❸ 芝麻菜、生菜洗净后沥干水分备用。

❹ 起锅，加 500 毫升水，烧开后放入红虾，小火煮 5 分钟左右捞出。

❺ 加入纯净水中浸凉，沥水备用。

❻ 取一小碗，放入牛油果块和红虾，淋上柠檬汁、橄榄油，撒上盐后拌匀。

❼ 将芝麻菜、生菜码在深盘中，将牛油果块和红虾码在菜上。

❽ 撒上黑橄榄片后，淋上凯撒酱即可。

特色

声名远播的阿根黑橄榄廷红虾为你带来难忘的大海的味道，富含植物脂肪的牛油果于醇厚中又不失清爽。

主料

阿根廷红虾50克｜牛油果1个（约200克）｜黑橄榄2个（约5克）｜芝麻菜30克｜生菜30克

辅料

盐5克｜橄榄油10毫升｜凯撒酱30毫升｜柠檬汁少许

食材	参考热量
阿根廷红虾50克	50千卡
牛油果200克	322千卡
黑橄榄5克	9千卡
生菜30克	5千卡
芝麻菜30克	8千卡
凯撒酱30毫升	83千卡
合计	477千卡

烹饪秘籍

选择牛油果时，一要眼看：成熟的牛油果表皮颜色较黑；二是手捏：手感稍稍变软，说明这颗牛油果已处于最佳食用阶段。

营养贴士

牛油果含丰富的叶酸，孕妈妈经常食用可促进胎宝宝健康发育。

西柚扇贝沙拉

⏱ 30分钟　🔍 中等

做法

① 扇贝肉用厨房纸巾吸干水分，用盐抹匀。

② 西柚去皮，用手剥成西柚块备用。

③ 豆芽洗净后去根。四季豆洗净，掐掉筋备用。

④ 起锅，加500毫升水，烧开后放入豆芽、四季豆，小火煮熟后沥水，四季豆切段备用。

⑤ 取平底锅加热，倒入少许橄榄油，将扇贝肉呈圆形放入，双面煎至金黄后盛出。

⑥ 取一容器，放入豆芽和四季豆，倒入日式油醋汁后拌匀。

⑦ 将拌好的菜码在盘子上，上面码上扇贝肉。

⑧ 撒上西柚颗粒即可。

特色

橙红色的西柚、乳白的扇贝肉和豆芽，还有绿色的四季豆，汇合在一起，奏响和谐的乐章。

主料

西柚半个（约200克）| 扇贝肉8个（约60克）| 豆芽30克 | 四季豆30克

辅料

盐少许 | 橄榄油适量 | 日式油醋汁30毫升 | 油少许

食材	参考热量
西柚200克	63千卡
扇贝肉60克	34千卡
豆芽30克	6千卡
四季豆30克	9千卡
日式油醋汁30毫升	55千卡
合计	167千卡

烹饪秘籍

煎扇贝前用厨房纸巾吸干净扇贝肉的水分。另外，煎扇贝肉要用中火，煎的同时可以轻轻晃动锅底，方便扇贝肉成熟。

营养贴士

扇贝高蛋白低热量，富含钙、铁、锌等矿物质元素，其丰富的维生素E能延缓皮肤衰老，抑制黑色素沉着，养颜护肤。

秋葵莲藕 墨鱼卷沙拉

荷塘月色

🕐 30分钟　🔍 中等

做法

❶ 墨鱼洗净，切片后改花刀。

❷ 秋葵洗净、切块。莲藕洗净、去皮、切块。

❸ 起锅，加500毫升水烧开后，放入墨鱼片，小火煮3分钟后盛出。

❹ 另起锅，加500毫升水烧开后，放入秋葵和莲藕块，小火煮8分钟后沥水备用。

❺ 取一个奶锅，倒入味醂、红味噌、白砂糖和50毫升水加热，中火煮至糖溶解后关火。

❻ 将墨鱼卷、秋葵块、莲藕块装入容器中。

❼ 撒上熟花生碎，淋上酱汁即可。

特色

带来双重爽脆感受的秋葵和莲藕，配合肥厚的墨鱼卷，再淋上清爽的日式酱汁，便成就一道完美的夏日开胃菜。

主料

墨鱼100克｜秋葵30克｜莲藕30克

辅料

红味噌2汤匙｜味醂1汤匙｜白砂糖1汤匙｜熟花生碎2茶匙

食材	参考热量
墨鱼100克	83千卡
秋葵30克	14千卡
莲藕30克	22千卡
合计	119千卡

烹饪秘籍

从颜色来分，味噌有白味噌和红味噌之分，前者口味稍淡一些，后者口味更浓郁。喜欢口味清淡的人可以将菜谱中的红味噌替换成白味噌。

营养贴士

墨鱼是一种高蛋白低脂肪的食物，女性在经期前后或生产前后都可食用墨鱼来补充营养。

意式海鲜沙拉

浓郁的意式优雅风

⏱ 20分钟

🔍 简单

做法

❶ 鸡蛋煮熟过凉水，剥壳后切成薄片。

❷ 大虾去头、去壳、留尾，剔除虾线。

❸ 将大虾、扇贝肉和鱿鱼圈放入滚水中煮1分钟，捞出，沥干水分后挤上柠檬汁翻匀。

❹ 夏威夷果用切碎机切成稍大的碎粒。

❺ 将半颗牛油果切成1厘米见方的小块。

❻ 圣女果洗净、去蒂，对半切开。芝麻菜和生菜洗净，撕成小片。

❼ 将上述除夏威夷果以外的所有食材拌匀，撒上意式油醋汁和现磨黑胡椒碎。

❽ 最后点缀上夏威夷果碎即可。

主料

大虾8只（约70克）｜扇贝肉50克｜鱿鱼圈6个（约30克）｜牛油果半个（约100克）｜圣女果8颗（约145克）｜鸡蛋1个（约50克）

辅料

叶生菜半棵（约100克）｜芝麻菜50克｜夏夷果20克｜现磨黑胡椒碎适量｜柠檬汁少许｜意式油醋汁20毫升

食材	参考热量
虾70克	73千卡
扇贝肉50克	30千卡
鱿鱼圈30克	23千卡
牛油果100克	161千卡
圣女果145克	36千卡
鸡蛋50克	72千卡
叶生菜100克	16千卡
芝麻菜50克	13千卡
夏夷果20克	147千卡
意式油醋汁20毫升	12千卡
合计	583千卡

烹饪秘籍

烹煮海鲜时切忌时间过长，否则肉质老化影响口感。

营养贴士

海鲜味道鲜美，热量又低，富含不饱和脂肪酸，对心脑血管疾病有重要的食疗效果。据闻因纽特人几乎从不得心脑血管病，就与他们大量食用海产品有关。

特色

意大利是与法国并驾齐驱的欧洲美食之国。中世纪，很多经典的菜式和甜品通过皇室联姻经由意大利传入法国。意大利人对于菜谱或信手拈来，或精心搭配，总能虏获餐客们的心。这款融合蔬菜、海鲜和坚果的沙拉，口感极其丰富，充满了浓郁的意大利风情。

蟹肉棒芦笋三明治

春意盎然

⏱ 15分钟　🔍 简单

做法

❶ 蟹肉棒斜切成片。

❷ 芦笋洗净，斜切成段。

❸ 番茄洗净，切成片。

❹ 取平底锅加热，倒入少许橄榄油，放入芦笋段煎熟。

❺ 芦笋段出锅前撒上适量的盐和黑胡椒。

❻ 吐司放入面包炉上烤3分钟，烤至双面金黄后取出。

❼ 在吐司上涂上蛋黄酱，依次码上番茄片、芦笋段和蟹肉棒。

❽ 盖上另一片涂好蛋黄酱的吐司即可。

特色

别看蟹肉棒是即食的方便食物，只要加点小心思，一样也能成为既有颜值又营养的便当主角。

主料

蟹肉棒50克 ｜ 芦笋2根（约120克） ｜ 番茄1个（约165克） ｜ 吐司2片（约120克）

辅料

橄榄油少许 ｜ 蛋黄酱20毫升 ｜ 盐1茶匙 ｜ 黑胡椒适量

食材	参考热量
蟹肉棒50克	46千卡
芦笋120克	26千卡
番茄165克	33千卡
吐司120克	333千卡
蛋黄酱20毫升	145千卡
合计	583千卡

烹饪秘籍

芦笋很容易变老，所以要尽快吃掉。如要保存，则不要清洗，用湿纸巾包住芦笋根部，放进保鲜袋，直立放入冰箱冷藏，以防止水分流失。

营养贴士

对于高血压患者来说，芦笋是一种天然的"降压良药"；同时它还含有丰富的叶酸，很适合孕妈妈食用。

香煎三文鱼三明治

低温煎出
减脂餐

⏱ 25分钟

🔍 中等

做法

❶ 三文鱼用厨房纸巾吸干水分，淋上柠檬汁，撒上适量盐抹匀。

❷ 鸡蛋打散成蛋液。菠菜洗净，去根，切碎。

❸ 取一容器，将蛋液和菠菜碎混均匀，加适量盐调味。

❹ 取一个厚蛋烧锅，抹少许油，倒入 1/3 蛋液，小火煎至鸡蛋半凝固时将鸡蛋卷起来折成 3 折，重复上述步骤，直至鸡蛋全部卷起来。

❺ 取平底锅加热，倒入少许油，放入三文鱼，双面煎至金黄后盛出。

❻ 法棍纵向切开，抹上适量黄油。

❼ 夹入菠菜厚蛋烧和三文鱼即可。

特色

三文鱼经过慢煎，皮下脂肪已充分渗透出来，鱼皮酥脆，而鱼肉保持了柔嫩的质地。用菠菜做配料，使原本单纯的厚蛋烧有了不一样的口感。

主料

三文鱼100克｜鸡蛋1个（约50克）｜菠菜20克｜法棍1个（约100克）

辅料

柠檬汁少许｜盐1茶匙｜黄油10克｜油少许

食材	参考热量
三文鱼100克	139千卡
鸡蛋50克	72千卡
菠菜20克	6千卡
法棍100克	240千卡
黄油10克	89千卡
合计	546千卡

烹饪秘籍

做厚蛋烧时要控制油的用量，因此可以在厨房纸巾上倒上油，再用厨房纸巾涂抹厚蛋烧锅，可以有效控制油量。

营养贴士

人体内缺少维生素D，会影响钙的吸收和利用，易产生骨质疏松，经常食用三文鱼可以有效补充维生素D。

综合海鲜总汇三明治

经典王牌茶点

🕐 30分钟
🔍 中等

做法

❶ 溏心蛋剥壳，切厚片。西葫芦洗净，切片。洋葱去皮，切丁。

❷ 虾仁洗净，沥水备用。鲜鱿鱼切成小圈。九层塔切碎。

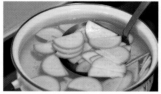

❸ 起锅，加 500 毫升水烧开，撒适量盐，放入西葫芦片，小火煮 3 分钟后盛出。

❹ 平底锅加热，倒入少许油，放入洋葱煸炒出香味。

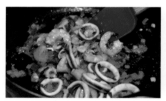

❺ 放入虾仁、鱿鱼圈和扇贝肉，撒适量盐、黑胡椒碎、九层塔碎，翻炒均匀后盛出。

❻ 吐司放入面包炉上烤 3 分钟，烤至双面金黄后取出。

❼ 在烤好的吐司上抹上适量千岛酱，依次码上综合海鲜、鸡蛋片、西葫芦片。

❽ 盖上另一片吐司，重复步骤 7 的动作，盖上剩余的吐司，用牙签固定后，对角切成合适的大小即可。

主料

虾仁50克 | 鲜鱿鱼50克 | 扇贝肉4个（约30克）| 西葫芦半个（约200克）| 洋葱1/2个（约40克）| 溏心蛋1个（约50克）| 吐司3片（约180克）

辅料

九层塔少许 | 盐适量 | 现磨黑胡椒碎少许 | 千岛酱30毫升 | 油少许

食材	参考热量
虾仁50克	24千卡
鲜鱿鱼50克	38千卡
扇贝肉30克	17千卡
西葫芦200克	38千卡
洋葱40克	16千卡
溏心蛋50克	64千卡
吐司180克	500千卡
千岛酱30毫升	143千卡
合计	840千卡

烹饪秘籍

处理鲜鱿鱼时，左手握住鱿鱼头，右手握住鱿鱼身体，轻轻往外拉，取出鱿鱼内脏等杂物，再将鱿鱼的"明骨"抽出来扔掉；清除掉鱿鱼体内残留的其他杂物，同时撕掉鱿鱼外层紫色的筋膜。再将鱿鱼头里残留的脏物清洗干净，轻轻挤压鱿鱼的眼睛，把里面的墨汁挤掉即可。

营养贴士

海鲜含丰富的B族维生素和叶酸，这些都是我们每天新陈代谢所需的营养元素，对于预防皮肤病和神经系统疾病也有很大作用。

特色

三明治中最经典的总汇三明治，口味清淡却
不失鲜味，丰富的层次感自带优雅的光环。

明太子 鱿鱼口袋三明治

包起辛 辣咸鲜

⏱ 25分钟　🔍 中等

做法

❶ 海苔切成细丝。鱿鱼洗净，去膜，切块。洋葱洗净，去皮，切丁。

❷ 取一平底锅加热，倒入适量橄榄油，放入洋葱丁爆香。

❸ 放入鱿鱼块翻炒，等鱿鱼变色后倒入生抽、味醂、白砂糖、清酒和适量水，继续翻炒。

❹ 出锅前放入明太子翻炒均匀后盛出。

❺ 取一片吐司，放入口袋三明治模具。

❻ 加入炒好的明太子鱿鱼和海苔丝。

❼ 盖上另一片吐司，再盖上口袋三明治的另一半模具，用力向下压。

❽ 撕掉多余的吐司边即可。

特色

明太子鱿鱼是日本关西地区广受欢迎的一道菜品，将它改良做成三明治，馅料鲜香四溢而富有嚼劲。

主料

小鱿鱼半只（约100克）｜明太子20克｜洋葱1/4个（约20克）｜海苔适量｜吐司2片（约120克）

辅料

生抽2汤匙｜味醂1汤匙｜白砂糖1汤匙｜清酒适量｜橄榄油少许

食材	参考热量
小鱿鱼100克	75千卡
明太子20克	25千卡
洋葱20克	8千卡
吐司120克	333千卡
合计	441千卡

▽─── 烹饪秘籍 ───

制作口袋三明治时，馅料尽量摆放在吐司中间的位置。

营养贴士

明太子其实就是明太鱼的鱼卵，不仅蛋白质含量高，还是低脂肪食物，具有健脾和胃、滋阴补血的功效。

炸虾三明治

元气满满的早餐

⏱ 35分钟　　🔍 高级

做法

① 圆白菜洗净，切成细丝。生菜洗净，沥水备用。鸡蛋打成蛋液。

② 大虾洗净，剥壳，去虾头和虾线。

③ 用刀在虾身上切几刀，使其平整。

④ 面粉和面包糠分别装在两个容器里。

⑤ 将大虾依次裹上面粉、蛋液和面包糠。

⑥ 起油锅，烧至八成热，放入大虾炸至两面金黄后捞出。

⑦ 面包放在面包炉上烤3分钟，用刀纵向剖开。

⑧ 依次放入生菜、圆白菜丝、炸虾后，淋上酸黄瓜塔塔酱即可。

特色

炸至金黄色且层次分明的大虾，咬一口，十足鲜甜；切成细丝的圆白菜则带来了清脆的口感，配合在一起就是元气满满的早餐。

主料

大虾2个（约30克）｜圆白菜20克｜生菜2片（约5克）｜热狗面包2个（约100克）

辅料

面包糠适量｜鸡蛋1个（约50克）｜面粉1杯｜酸黄瓜塔塔酱30毫升｜油适量

食材	参考热量
大虾30克	34千卡
圆白菜20克	5千卡
酸黄瓜塔塔酱30毫升	106千卡
生菜5克	1千卡
热狗面包100克	269千卡
合计	415千卡

〓 烹饪秘籍 〓

大虾炸好以后，可以用厨房纸巾吸去虾身上的多余油分，口感会更清爽。

营养贴士

虾中含有丰富的蛋白质，小朋友经常吃虾可以健脑。

索引

烟熏 三文鱼贝果

淡淡 烟熏味

🕙 10分钟　🔍 简单

做法

❶ 烟熏三文鱼撕成小块。

❷ 黄瓜洗净后切片。黑橄榄切片。

❸ 贝果纵向剖开，放入烤箱烤3分钟。

❹ 在一片贝果上抹上适量的酸奶芥末酱。

❺ 依次摆上球生菜、番茄片、黄瓜片和烟熏三文鱼。

❻ 撒上黑橄榄片。

❼ 淋上剩余的酸奶芥末酱。

❽ 盖上另一片贝果即可。

主料

烟熏三文鱼50克 ┃ 黄瓜1根（约120克） ┃ 球生菜叶1片（约2克） ┃ 番茄2片（约5克） ┃ 黑橄榄2个（约5克） ┃ 贝果面包1个（约100克）

辅料

酸奶芥末酱30毫升

食材	参考热量
烟熏三文鱼50克	112千卡
黄瓜120克	20千卡
球生菜叶2克	0千卡
番茄5克	1千卡
黑橄榄5克	9千卡
贝果面包100克	330千卡
酸奶芥末酱30毫升	12千卡
合计	484千卡

烹饪秘籍

如果不喜欢吃辣的，可将酸奶芥末酱替换成酸奶油，一样好吃。

营养贴士

贝果在揉面时不需要加糖和黄油，因此贝果是低脂肪、低热量的健康食品，吃了它不容易感到饥饿。

特色

烟熏三文鱼是前餐和早餐中极为
常见的一种食物，无论和哪种食
材搭配，都会有极佳的滋味。

鲜虾芦笋春卷

快手卷出美食

⏱ 25分钟　🔍 中等

做法

❶ 芦笋洗净，剥掉根部老皮。胡萝卜洗净，去皮，切丝。薄荷叶洗净，沥水。小米辣切末。

❷ 起锅，加500毫升水烧开，放入基围虾和芦笋，焯熟后盛出。

❸ 虾稍凉后，去头、剥壳，纵向剖成两半备用。

❹ 取一容器，放入鱼露、柠檬汁、醋、盐、白砂糖、蒜末、小米辣碎，加入半碗凉开水，调成蘸汁。

❺ 取一大碗，倒入500毫升开水，放入1张春卷皮，泡软后取出。

❻ 把春卷皮平铺在案板上，依次铺上薄荷叶、胡萝卜丝、芦笋、鲜虾片，卷成筒状。

❼ 重复步骤6直到卷完所有春卷。

❽ 将包好的春卷对半斜切成两半后，码在盘中即可。

特色

春卷无论是作为主食还是开胃的前菜，都会散发迷人的光彩。

主料

基围虾8个（约70克）｜芦笋4根（约240克）｜胡萝卜半根（约55克）｜薄荷叶适量｜越南春卷皮4张（约40克）

辅料

鱼露2汤匙｜柠檬汁少许｜醋1茶匙｜白砂糖1汤匙｜蒜末1茶匙｜小米辣1根｜盐少许

食材	参考热量
基围虾70克	73千卡
芦笋240克	53千卡
胡萝卜55克	21千卡
越南春卷皮40克	133千卡
合计	280千卡

--- 烹饪秘籍 ---

基围虾可替换成其他虾类品种或者直接用虾仁代替。

营养贴士

这里用的春卷皮，是用大米磨成粉制成的纸米卷，不含脂肪，热量极低，是减肥期间的解饿佳品。

泰式 红虾可颂面包

⏱ 20分钟　🔍 简单

主料

红虾100克 | 红甜椒1/4个（约10克）| 黄甜椒1/4个（约10克）| 生菜1片（约2克）| 可颂面包1个（约100克）

辅料

柠檬汁少许 | 泰式甜辣酱2汤匙 蛋黄酱20毫升 | 现磨黑胡椒碎少许

食材	参考热量
红虾100克	101千卡
可颂面包100克	378千卡
红甜椒10克	3千卡
黄甜椒10克	3千卡
蛋黄酱20毫升	145千卡
生菜2克	0千卡
合计	630千卡

—— 烹饪秘籍 ——

喜欢重口味的朋友可适当增大泰式甜辣酱的比例，或另切一根小红辣椒调味。

特色

层层叠叠的可颂面包，配上泰式风味的红虾沙拉，清爽中略带丰润的口感，像夏日的海风轻轻拂过你的脸颊。

做法

❶ 红甜椒和黄甜椒洗净，切丁。生菜洗净，沥水备用。

❷ 起锅，加500毫升水，烧开后放入红虾，小火煮5分钟左右捞出。

❸ 红虾略冷却后，切成或用手撕成小块。

❹ 将泰式甜辣酱、蛋黄酱、黑胡椒碎和柠檬汁混合成酱汁。

❺ 将红虾块、红甜椒丁、黄甜椒丁和酱汁混合均匀。

❻ 可颂面包纵向切开，夹入生菜。

❼ 夹入拌好的泰式红虾馅即可。

营养贴士

红虾含有丰富的蛋白质和铁元素，对于贫血人群或经期流血过多的女性有很好的补益作用。

3
CHAPTER

禽肉&蛋类

鸡胗
玉米笋黄瓜沙拉

小鸡杂的升华

⏱ 15分钟　🔍 简单

主料

鸡胗50克｜玉米笋30克｜黄瓜1根
（约120克）｜枸杞子15克｜菠菜
50克

辅料

日式油醋汁30毫升｜盐适量

食材	参考热量
鸡胗50克	59千卡
玉米笋30克	4千卡
黄瓜120克	20千卡
枸杞子15克	39千卡
菠菜50克	14千卡
日式油醋汁30毫升	55千卡
合计	191千卡

特色

简单地切片、调味，配上红色的枸杞子、黄色的玉米笋以及绿色的菠菜，不起眼的鸡胗一样能成为你会爱上的那道沙拉主角。

烹饪秘籍

菠菜含草酸，建议不要生食，如果喜欢爽脆的口感，可适当缩短菠菜焯水的时间。

做法

❶ 菠菜去根后洗净。黄瓜洗净，切片。枸杞子洗净。

❷ 起锅，加500毫升水烧开后，放入玉米笋、菠菜、枸杞子，中火煮5分钟后盛出沥水。

❸ 锅内继续放入鸡胗、撒适量盐，中火煮5分钟后盛出。

❹ 待鸡胗稍冷却后，切成片。

❺ 取一容器，放入鸡胗片、玉米笋、黄瓜、菠菜。

❻ 撒上枸杞子，淋上日式油醋汁即可。

营养贴士

鸡胗有较强的消食化积作用，消化不良的人可以经常吃些鸡胗，可有效促进消化，预防某些胃肠疾病。

青木瓜鸡肉沙拉 泰国味道

🕐 15分钟　🔍 简单

主料

鸡胸肉100克｜青木瓜半个（约300克）｜圣女果5个（约100克）｜青柠2个(约20克)｜熟花生碎20克

辅料

鱼露1汤匙｜生抽1汤匙｜椰糖1汤匙｜大蒜2瓣｜小米辣1根

食材	参考热量
鸡胸肉100克	133千卡
青木瓜300克	87千卡
圣女果100克	23千卡
青柠20克	8千卡
熟花生碎20克	118千卡
合计	369千卡

┤ 烹饪秘籍 ├

椰糖是东南亚特有的一种天然棕榈糖，家里没有椰糖也可用白砂糖或红糖代替。

特色

这道青木瓜鸡肉沙拉就如同泰国的空气一样，清爽却又回味无穷。

做法

❶ 青木瓜擦成细丝。圣女果对半切开备用。青柠挤汁。

❷ 起锅，加500毫升水烧开后，放入鸡胸，中火煮7分钟后盛出。

❸ 待鸡胸肉稍冷却，用手撕成细丝备用。

❹ 将大蒜、小米辣放入容器里捣碎，放入鱼露、生抽、椰糖混合均匀。

❺ 取一容器，放入鸡丝、青木瓜丝、圣女果，加入青柠汁。

❻ 撒上花生碎，淋上调好的酱汁即可。

营养贴士

青木瓜内含有丰富的木瓜酵素和木瓜蛋白酶素，女性经常吃青木瓜可以美白、滋润肌肤，同时有一定的丰胸作用。

法棍 黑椒鸡腿沙拉

解馋沙拉

🕐 30分钟　🔍 中等

做法

❶ 鸡腿剔去骨头，切成2厘米见方的小块，加1茶匙料酒和20毫升黑椒汁腌渍10分钟左右。

❷ 烤箱210℃预热，烤盘用锡纸包好，淋橄榄油，将鸡腿肉入中层烤15分钟，中途拿出烤盘翻面一次。

❸ 法棍斜切成0.8厘米的片，放入吐司机以中挡烤好。

❹ 甜椒去蒂、去子，洗净，用厨房纸巾吸去多余水分。

❺ 将洗好的甜椒掰成2厘米见方的小块。

❻ 取出烤好的黑椒鸡腿肉，和甜椒块一起放入沙拉碗。

❼ 法棍切片，掰成适口小块，放入沙拉碗中，稍微拌匀。

❽ 点缀上蛋黄酱即可。

主料

法棍50克 | 去骨鸡腿肉100克 | 青甜椒50克 | 红甜椒50克

辅料

黑椒汁20毫升 | 蛋黄酱20毫升 | 橄榄油15毫升 | 料酒1茶匙

食材	参考热量
法棍50克	120千卡
去骨鸡腿肉100克	181千卡
甜椒100克	25千卡
黑椒汁20毫升	26千卡
蛋黄酱20毫升	145千卡
橄榄油15毫升	88千卡
合计	585千卡

—— 烹饪秘籍 ——

如果没有吐司机，可以将切好的法棍片放于烤网上，以150℃左右的温度，放入烤箱中层烘烤10分钟左右即可达到相同效果。

营养贴士

甜椒富含多种维生素、叶酸和钾，常食可以健胃、利尿、明目，提高人体免疫力和消化能力，并兼具防癌抗癌的功效。

索引

特色

这道沙拉最适合用剩余的法棍边角料来制作，简单扔进烤箱烤干水分，配上解馋的黑椒鸡腿肉和红红绿绿的甜椒，高强度的运动之后补充这么一份沙拉，瞬间扫清疲惫和饥饿。

咖喱鸡肉沙拉

南洋风味 温沙拉

🕐 35分钟　🔍 中等

做法

❶ 蒸锅放入 500 毫升水烧开后，将小米放入蒸锅，蒸 15 分钟后取出备用。

❷ 鸡胸肉用厨房纸巾吸干水分，切成小块。甜豆洗净备用。综合生菜洗净备用。

❸ 起锅，加 500 毫升水烧开后，放入甜豆，焯熟后盛出。

❹ 取一容器，放入鸡肉块，倒入淀粉、盐、黑胡椒碎、料酒，腌 10 分钟。

❺ 取一平底锅加热，倒入少许橄榄油，放入鸡肉块煸炒。

❻ 待鸡肉变色后，放入 1 汤匙咖喱粉继续煸炒后盛出。

❼ 将酸奶、蛋黄酱、蜂蜜以及剩余的咖喱粉混合均匀，调成酱汁。

❽ 在盘上铺上综合生菜、咖喱鸡肉块、甜豆、蔓越莓干和小米，浇上酱汁即可。

主料

鸡胸肉100克 | 甜豆15克 | 蔓越莓干10克 | 小米30克 | 综合生菜150克

辅料

咖喱粉2汤匙 | 酸奶2汤匙 | 蛋黄酱10毫升 | 蜂蜜1汤匙 | 现磨黑胡椒碎适量 | 淀粉1汤匙 | 料酒1汤匙 | 盐少许 | 橄榄油少许

食材	参考热量
鸡胸肉100克	133千卡
甜豆15克	5千卡
蔓越莓干10克	22千卡
小米30克	108千卡
综合生菜150克	24千卡
蛋黄酱10毫升	72千卡
蜂蜜5克	22千卡
合计	386千卡

烹饪秘籍

使用市售的成品咖喱块也可以起到同样的作用，同时能为咖喱鸡肉增加其他风味。

营养贴士

甜豆所含的蛋白质容易被人体吸收，热量比一般豆类更低，是理想的瘦身食材。

索引

特色

混合了酸奶和蛋黄酱的咖喱沙拉酱汁香气诱
人，甜、辣兼而有之，配合嫩炒的鸡肉和脆
度刚刚好的甜豆，既饱口福也饱眼福。

柠檬鸡胸肉沙拉

🕐 20分钟　🔍 简单

特色
如果你是健身人士，一定不要错过这道低脂肪且富含蛋白质的"增肌餐"。

主料

鸡胸肉150克｜面包丁20克｜甜玉米粒15克｜苦菊叶50克｜红菊苣50克

辅料

柠檬半个｜盐适量｜现磨黑胡椒碎适量｜松子罗勒青酱30毫升｜橄榄油少许

食材	参考热量
鸡胸肉150克	200千卡
苦菊叶50克	28千卡
面包丁20克	63千卡
红菊苣50克	10千卡
甜玉米粒15克	17千卡
松子罗勒青酱30毫升	374千卡
合计	692千卡

—— 烹饪秘籍 ——

为了方便鸡肉入味，在腌制鸡胸肉前，可以用刀在鸡胸肉上划几刀。

做法

❶ 柠檬挤汁。苦菊叶、红菊苣叶洗净，沥水备用。

❷ 起锅，加500毫升水烧开后，放入玉米粒，焯熟后盛出。

❸ 鸡胸肉用厨房纸巾吸干水分，撒上适量盐、黑胡椒碎，淋上柠檬汁，腌10分钟。

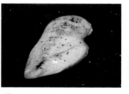

❹ 取一平底锅加热，倒入少许橄榄油，放入鸡胸肉，双面煎至金黄盛出。

❺ 待鸡肉稍冷却后中，斜切成片。

❻ 将苦菊叶、红菊苣叶平铺在盘底，上面放上柠檬鸡肉、玉米粒和面包丁。

❼ 浇上松子罗勒青酱即可。

营养贴士

鸡肉高蛋白低脂肪，极易被人体吸收和利用，在健身、减肥期间，经常食用鸡肉可以帮助增强体力、补充营养。

索引

溏心蛋西蓝花沙拉

吃着就能瘦

⏱ 25分钟　🔍 简单

特色
溏心蛋与西蓝花的组合，虽然看着简单，但一样有着丰厚的层次感和滋味。

主料

鸡蛋2个（约100克）｜火腿2片（约60克）｜西蓝花半棵（约150克）｜胡萝卜半根（约55克）｜燕麦30克

辅料

蒜末1茶匙｜现磨黑胡椒碎适量｜蛋黄酱30毫升｜七味粉1茶匙

食材	参考热量
鸡蛋100克	144千卡
西蓝花150克	53千卡
火腿60克	70千卡
燕麦30克	113千卡
胡萝卜55克	21千卡
蛋黄酱30毫升	217千卡
合计	618千卡

烹饪秘籍

七味粉是日式料理中以辣椒为主要材料的调味料，家中如果没有七味粉，可以用红椒粉或辣椒粉代替。

做法

❶ 西蓝花洗净，切块。胡萝卜洗净，去皮，切丁。火腿手撕成片。

❷ 烤箱预热180℃，将燕麦均匀地平铺在烤盘中，放入烤箱烤15分钟。

❸ 起锅，加500毫升水烧开，放入鸡蛋，中火煮7分钟后盛出。另起锅，加500毫升水烧开，放入胡萝卜、西蓝花，中火煮7分钟后盛出。

❹ 待溏心蛋稍冷却后剥壳，将溏心蛋切成小块。

❺ 取一容器，放入蛋黄酱、蒜末、七味粉混合均匀。

❻ 将溏心蛋、火腿片、西蓝花、胡萝卜、燕麦放入沙拉碗中。

❼ 淋上调好的酱汁，撒上黑胡椒碎即可。

营养贴士

有时候皮肤受到轻微伤害就会变得青一块紫一块，这是体内缺少维生素K的缘故，而补充维生素K的最佳方式就是多吃西蓝花。

沙拉鸡蛋杯

鸡蛋新吃法

🕐 25分钟　🔍 中等

做法

❶ 西蓝花取顶部，切成6小朵，放入烧开的淡盐水中烫至变色后捞出，沥干水分备用。

❷ 鸡蛋冷水下锅，开锅后转小火煮5分钟，过两遍凉水后剥壳，对半切开。

❸ 将有尖端的一半鸡蛋切掉一小块，使其可以保持站立。

❹ 取出蛋黄碾碎，酸黄瓜切成碎粒。

❺ 洋葱洗净，去皮后切成碎末，加入盐和现磨黑胡椒碎翻匀。

❻ 加入沥干汁水的金枪鱼、酸黄瓜碎和碾碎的蛋黄，加入适量蛋黄酱或千岛酱拌匀。

❼ 将拌好的沙拉用小勺盛入鸡蛋杯中。

❽ 点缀上西蓝花即可。

主料

蛋黄酱30毫升｜鸡蛋3个（约150克）｜水浸金枪鱼半罐

辅料

洋葱1/4个（约20克）｜酸黄瓜10克｜西蓝花半棵（约150克）｜盐适量｜现磨黑胡椒碎适量｜淡盐水适量

食材	参考热量
蛋黄酱30毫升	217千卡
鸡蛋150克	216千卡
水浸金枪鱼90克	89千卡
洋葱20克	8千卡
酸黄瓜10克	0千卡
西蓝花150克	53千卡
合计	583千卡

烹饪秘籍

菜谱中的西蓝花也可替换为其他绿色蔬菜或香草来点缀——薄荷叶、碰碰香、新鲜欧芹等都是不错的选择。

营养贴士

鸡蛋是非常常见且易得的健康食材，且不经油煎，仍然是健康的水煮做法，加一点自己的创意，健康的料理也更加精致。

索引

蛋黄酱　　　　　　　　　018 页

特色

简单朴实的白煮蛋，加几种食材，一点创新，摇身一变就成为精致又美味的星级感沙拉，用来待客或是哄小朋友都会有惊艳的效果。

美式 炒蛋培根菊苣盏

色彩的盛宴

🕐 15分钟　🔍 简单

做法

❶ 培根切丁。红菊苣叶洗净，沥水备用。

❷ 蒸锅放入500毫升水烧开，将藜麦放入蒸锅，蒸15分钟后取出备用。

❸ 取一平底锅加热，倒入少许橄榄油，放入培根丁，煎至表皮微脆后盛出。

❹ 鸡蛋磕在碗里打散，放适量盐及牛奶，将空气充分搅打进去。

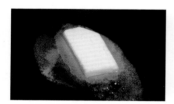

❺ 平底锅小火加热，放入黄油融化。

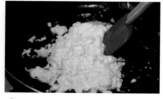

❻ 倒入蛋液，用铲子轻轻将鸡蛋从边缘往中间推，反复动作直到看不到流动的液体后盛出。

❼ 将红菊苣叶摆在盘中，里面盛上炒好的鸡蛋和培根丁。

❽ 撒上藜麦和黑胡椒碎即可。

特色

美式炒蛋是西式早餐中最常见的家常菜，在这里变身精致的餐前小点，脆脆的煎培根增加了食物的口感，红菊苣叶作为沙拉盏更增添了别致的趣味。

主料

鸡蛋2个（约100克）｜培根2片（约40克）｜红菊苣6片（约20克）｜藜麦30克

辅料

黄油15克｜橄榄油少许｜现磨黑胡椒碎适量｜牛奶50毫升｜盐适量

食材	参考热量
鸡蛋100克	144千卡
培根40克	72千卡
红菊苣20克	4千卡
藜麦30克	110千卡
黄油15克	133千卡
牛奶50毫升	27千卡
合计	490千卡

烹饪秘籍

炒美式炒蛋时，炉火始终保持中小火，锅铲要不停地向内侧推，以确保鸡蛋的嫩滑。

营养贴士

鸡蛋富含DHA和卵磷脂、卵黄素，有利于人体神经系统的发育，能改善记忆力，促进肝细胞再生。

中式鸭肉沙拉

花样吃酱鸭

⏱ 60分钟　🔍 高级

做法

❶ 鸭腿洗净后去骨。京葱洗净后切片。凤梨去皮、切丁。羽衣甘蓝洗净，沥水。

❷ 起锅，加500毫升水烧开后，放入鸭腿，中火煮8分钟后盛出。

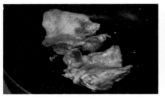

❸ 取一平底锅加热，倒入少许橄榄油，放入鸭腿肉，煎至表皮微黄后盛出。

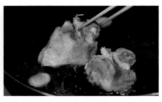

❹ 锅内留底油，放入小葱、姜片煸香，放入鸭腿，再放入料酒、五香粉、生抽、老抽、冰糖以及2碗水烧开。

❺ 盖上锅盖，中火煮45分钟后大火收汁盛出。

❻ 待酱鸭腿稍冷却后，切片备用。

❼ 取一容器，平铺上羽衣甘蓝，上面放上酱鸭腿片、京葱片、凤梨丁和玉米片。

❽ 淋上酸奶芥末酱即可。

主料

鸭腿2个（约200克）｜京葱20克｜凤梨30克｜玉米片15克｜羽衣甘蓝100克

辅料

小葱段5克｜姜片2片｜料酒1汤匙｜五香粉1茶匙｜生抽1汤匙｜老抽1汤匙｜冰糖30克｜酸奶芥末酱30毫升｜橄榄油少许

食材	参考热量
鸭腿200克	480千卡
凤梨30克	13千卡
羽衣甘蓝100克	32千卡
京葱20克	7千卡
玉米片15克	55千卡
酸奶芥末酱30毫升	12千卡
合计	599千卡

烹饪秘籍

鸭腿出锅前，用筷子从鸭肉中间插下去，如果能轻松插到底，说明鸭肉已经酥烂。

营养贴士

鸭肉的蛋白质含量比鸡肉更高，脂肪酸的比例与橄榄油相似，因此患有高脂血症、心血管类疾病的人可以经常食用鸭肉。

特色

本帮特色菜的酱鸭经过改良之后，一样也可以成为沙拉中的主角。

酒渍樱桃鸭胸沙拉

体验法式浪漫

🕐 20分钟
🔍 中等

做法

❶ 芝麻菜洗净，沥水备用。

❷ 鸭胸解冻，用厨房纸巾吸干水分，表皮划十字刀

❸ 在鸭胸表皮撒上盐、黑胡椒碎、五香粉，并涂抹均匀，腌20分钟。

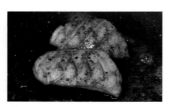

❹ 平底锅加热，倒入少许橄榄油，皮朝下放入鸭胸，单面煎3分钟至表皮金黄后翻面，继续煎3分钟后盛出。

❺ 待鸭胸肉稍冷却后，切成片。

❻ 取一容器，放入芝麻菜、鸭胸肉和酒渍樱桃。

❼ 撒上熟松子仁，淋上红酒醋即可。

特色

鸭胸向来是法餐中的高级料理，去繁取精，让鸭胸变身成为颜值和味道双重在线的完美沙拉。

主料

酒渍樱桃10个（约80克）｜鸭胸肉200克｜芝麻菜100克｜熟松子仁10克

辅料

红酒醋30毫升｜盐1茶匙｜现磨黑胡椒碎5克｜五香粉1茶匙｜橄榄油少许

食材	参考热量
酒渍樱桃80克	37千卡
鸭胸肉200克	180千卡
芝麻菜100克	25千卡
红酒醋30毫升	6千卡
熟松子仁10克	53千卡
合计	301千卡

烹饪秘籍

酒渍樱桃可选择市售的成品或者自己制作，具体做法是：250克樱桃洗净，用筷子顶掉樱桃核，将樱桃、100毫升水、50毫升朗姆酒以及20克冰糖放入锅中煮开，转小火煮10分钟左右；自然冷却后装入密封瓶，保存一周以上即可食用。

营养贴士

樱桃含铁量较高，经常吃樱桃可以补充人体对铁元素的需求，防止缺铁性贫血。

蘑菇烧蛋三明治

这样吃才够味 ⏱20分钟 🔍简单

做法

❶ 鸡蛋打散。蘑菇洗净后切片。洋葱、胡萝卜分别洗净，去皮，切丁。

❷ 起锅，加500毫升水烧开，放入青豆、胡萝卜、玉米粒，中火煮5分钟后盛出沥水。

❸ 取一小碗，放入蛋液、青豆、胡萝卜丁、玉米粒及适量盐混合均匀。

❹ 取一小口径的煎锅，倒入适量橄榄油加热，放入混合好的蛋液，中火煎至双面金黄后盛出。

❺ 另取一平底锅，倒入适量橄榄油加热，放入洋葱丁爆香，放入蘑菇片，倒入生抽、味醂、清酒，煸炒至熟透后盛出。

❻ 吐司切掉四周的边，取一片，上面平铺上鸡蛋和洋葱蘑菇片。

❼ 盖上另一片吐司，对半切开即可。

特色

经过煸炒的蘑菇渗透出浓郁鲜香的滋味，鸡蛋的嫩，洋葱的甜，青豆的脆，构成了和谐的诗篇。

主料

鸡蛋2个（约100克）｜洋葱1/4个（约20克）｜蘑菇10克｜青豆5克｜胡萝卜5克｜玉米粒5克｜吐司2片（约120克）

辅料

生抽1汤匙｜味醂1汤匙｜盐适量｜清酒1汤匙｜橄榄油适量

食材	参考热量
鸡蛋100克	144千卡
洋葱20克	8千卡
蘑菇10克	2千卡
青豆5克	20千卡
胡萝卜5克	2千卡
玉米粒5克	6千卡
吐司120克	333千卡
合计	515千卡

烹饪秘籍

为节省处理时间，青豆、胡萝卜和玉米粒也可以用市售的速冻杂菜代替。

营养贴士

蘑菇的维生素D含量非常丰富，处于成长发育期的青少年可以经常食用蘑菇，有助于骨骼发育，长高个儿。

班尼迪克蛋 网红 Brunch ⏱20分钟 🔍中等

做法

❶ 将1个鸡蛋的蛋黄和蛋清分离，留蛋黄备用。黄油加热融化。

❷ 取一个耐热的容器，放入蛋黄和白醋，隔水加热后打散。

❸ 将融化的黄油分次加入蛋液中，迅速搅打至浓稠后关火。

❹ 待酱汁稍冷却后，加入适量的柠檬汁和盐，混合均匀，即成荷兰酱，备用。

❺ 取一平底锅，加适量橄榄油后加热，放入火腿片，小火煎至火腿片边缘微焦后盛出。

❻ 松饼放入面包炉后烘烤5分钟后取出，对半切开。

❼ 起锅，加500毫升水烧开，加米醋，用筷子或漏勺在水里划圈成漩涡状，磕入1个鸡蛋，中火煮2分钟待蛋白凝固后盛出沥水。

❽ 将松饼放入盘上，依次摆上火腿片和水波蛋后，淋上荷兰酱即可。

特色

最完美的早餐怎么可以少了班尼迪克蛋的身影，会爆汁的蛋才是蛋中的"王者"！

主料

鸡蛋2个（约100克）｜火腿1片（约30克）｜英式松饼1个（约150克）

辅料

白醋1茶匙｜黄油50克｜柠檬汁1茶匙｜盐1茶匙｜橄榄油1汤匙｜米醋1茶匙

食材	参考热量
鸡蛋100克	144千卡
火腿30克	35千卡
英式松饼150克	406千卡
黄油50克	444千卡
合计	1029千卡

┌── 烹饪秘籍 ──┐

制作荷兰酱的秘诀之一是要不停地搅拌，即便有其他材料加入也要不停地搅拌；二是分次加入的黄油可以保存在一个隔着热水的大碗中，防止黄油遇冷重新凝固。

营养贴士

鸡蛋含有人体所需的大部分营养物质，营养价值很高，其蛋白质易被人体吸收，比较适合体质虚弱的人群补身体。

牛油果超厚三明治

简单，超厚，超满足

🕐 20分钟

🔍 简单

做法

❶ 鸡蛋放入清水中煮熟，过两遍凉水浸泡冷却，剥壳后用切蛋器切成片。

❷ 胡萝卜洗净，用刨丝器刨成细丝，放入纯净水中浸泡。

❸ 牛油果从中间切开，去除果核，用勺子紧贴果皮将牛油果挖出，将取出的果肉放在案板上，切成薄片，尽量保持整齐的形状。

❹ 吐司放入吐司机中，中挡加热。

❺ 裁出一张上下左右都至少大于吐司1倍的保鲜膜，将烤好的其中1片吐司摆放在保鲜膜上。

❻ 先铺上切好的鸡蛋片，再整齐码放上胡萝卜丝，挤上千岛酱。

❼ 然后将切好的半个牛油果放上，轻压使切片散开，撒上少许盐和现磨黑胡椒，盖上另外1片吐司。

❽ 将四周的保鲜膜把吐司紧紧包裹起来，从中间切开，切口朝上摆入盘中，即成为非常漂亮的三明治。

主料

吐司2片（约120克）｜牛油果80克｜鸡蛋1个（约50克）｜胡萝卜50克

辅料

盐少许｜现磨黑胡椒5克｜千岛酱15毫升

食材	参考热量
吐司120克	333千卡
牛油果80克	129千卡
鸡蛋50克	72千卡
胡萝卜50克	20千卡
千岛酱15毫升	71千卡
合计	625千卡

烹饪秘籍

制作超厚三明治，想要切面漂亮的诀窍有三个：
1. 食材码放整齐，尽量铺满吐司但是不超过边际。
2. 保鲜膜一定要包得足够紧。
3. 刀要足够锋利，如果有条件，最好选用大品牌带锯齿的专业吐司刀。

营养贴士

鸡蛋中蛋白质的氨基酸组成与人体组织蛋白质最为接近，因此吸收率高。此外，蛋黄还含有卵磷脂、维生素和矿物质等，这些营养素有助于增进神经系统的功能，能健脑益智，防止老年人记忆力衰退。

索引

特色

超厚三明治近年来非常流行，两片吐司夹裹着满满的食材，一口咬下的满足感简直无法用言语形容，只有吃过的人才懂那种幸福。

肉燥
溏心蛋三明治

朴素的私房菜

⏱ 60分钟　　🔍 中等

做法

❶ 红葱头洗净、去皮、切丝。花菇泡发，沥水，切丁备用。秋葵洗净，余烫后切片。猪五花肉切丁。

❷ 起油锅，烧至表面冒烟后，放入红葱头丝，炸至表面金黄后捞出沥油，等油温降低些后再复炸一次。

❸ 取一个平底锅，倒入适量油，放入五花肉丁翻炒至变色。

❹ 倒入红葱酥和花菇丁，加白砂糖、酱油膏、生抽、米酒、料酒、五香粉以及花菇水。

❺ 中火烧开后转小火慢炖45分钟后，大火收汁。

❻ 鸡蛋放入开水中煮成溏心蛋，剥壳后，切成小块。

❼ 取一片吐司，依次铺上秋葵片、肉燥和溏心蛋。

❽ 盖上另一片吐司即可。

主料

鸡蛋1个（约50克）｜红葱头3个（约20克）｜猪五花肉100克｜花菇2朵（约20克）｜秋葵2根（约15克）｜吐司2片（约120克）

辅料

生抽1汤匙｜酱油膏1汤匙｜白砂糖1汤匙｜米酒1汤匙｜料酒1汤匙｜五香粉1茶匙｜油适量

食材	参考热量
鸡蛋50克	72千卡
猪五花肉100克	568千卡
红葱头20克	4千卡
秋葵15克	7千卡
花菇20克	5千卡
吐司120克	333千卡
合计	989千卡

⎯ 烹饪秘籍 ⎯

这道三明治带有典型的台湾风味，家里如果没有酱油膏，也可以用老抽代替。此外，炖肉时花菇水要没过所有食材，这样炖出来的肉燥才不会过柴。

营养贴士

红葱头虽然个头小，但营养价值却很高，对于失眠、咽喉炎有很好的食疗作用。

特色

饿了的时候最想有碗暖暖的肉臊饭，当肉臊和面包搭配在一起，说不定它也能成为你心目中的不二之选呢！

照烧
鸡腿排三明治

酱烧肉最好吃

🕐 40分钟　🔍 高等

做法

❶ 鸡腿去骨。圆白菜洗净后切丝。

❷ 将生抽、蜂蜜、清酒、姜末以及适量清水调成酱汁。

❸ 将酱汁倒入一食品保鲜袋，放入鸡腿肉，扎口后摇匀，放入冰箱腌30分钟。

❹ 取一平底锅，加适量橄榄油加热，将鸡腿肉连同酱汁一起倒入锅中，小火焖煮4分钟。

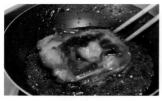

❺ 将鸡腿排翻面，继续焖煮至酱汁浓稠后盛出。

❻ 将鸡腿放在案板上切将条状。

❼ 取一片吐司，铺上圆白菜丝以及照烧鸡腿排。

❽ 撒上白芝麻，盖上另一片吐司即可。

特色

去了骨的鸡大腿用咸鲜的照烧酱炖煮后，有了别样的酱香滋味，外焦里嫩，还不来试试！

主料

鸡腿1个（约80克）| 圆白菜15克 | 白芝麻2茶匙（10克）| 吐司2片（约120克）

辅料

生抽1汤匙 | 蜂蜜1汤匙 | 清酒1汤匙 | 姜末2茶匙 | 橄榄油1汤匙

食材	参考热量
鸡腿80克	150千卡
圆白菜15克	4千卡
白芝麻10克	54千卡
吐司120克	333千卡
合计	541千卡

—— 烹饪秘籍 ——

在给鸡腿去骨时，要彻底切断鸡腿的筋膜，这样鸡腿在烹饪的过程中才不会回缩；此外，腌制鸡腿时，可以用牙签在鸡皮上戳几下，方便腌制入味。

营养贴士

蜂蜜不仅可以增加鸡肉的风味，还可以促进肠道吸收。

BBQ 鸡肉爆浆三明治

食肉族的福利

🕐 30分钟   🔍 中等

做法

❶ 鸡蛋打散。生菜洗净，沥水备用。

❷ 鸡胸肉用厨房纸巾吸干水分后，从中间横着剖开，底部不要切断，用刀背拍松鸡肉排。

❸ 鸡肉放入料酒、适量盐和黑胡椒碎腌 10 分钟。

❹ 在鸡肉排中间加奶酪片，合上后，依次蘸蛋液、面粉和面包糠。

❺ 起油锅，烧至表面冒烟后，放入鸡排炸至表面金黄后捞出沥油，等油温降低些后再复炸一次。

❻ 取一容器，放入烧烤酱、番茄酱、生抽、黑胡椒碎混合均匀成 BBQ 酱汁。

❼ 取一片吐司，铺上一片生菜，摆上爆浆鸡排。

❽ 淋上 BBQ 酱汁后，盖上生菜和另一片吐司即可。

主料

鸡胸肉100克 | 生菜2片（约5克）| 奶酪片1片（约10克）| 鸡蛋1个（约50克）| 吐司2片（约120克）

辅料

烧烤酱2汤匙 | 生抽1汤匙 | 番茄酱1汤匙 | 料酒1汤匙 | 现磨黑胡椒碎适量 | 面包糠适量 | 盐适量 | 面粉适量 | 油适量

食材	参考热量
鸡胸肉100克	133千卡
鸡蛋50克	72千卡
奶酪片10克	33千卡
生菜5克	1千卡
吐司120克	333千卡
合计	572千卡

烹饪秘籍

在给鸡排裹粉的过程中，重复裹蛋液、面粉和面包糠的动作，可以让鸡排的口感更蓬松酥脆。

营养贴士

鸡肉含有易被人体吸收的蛋白质，还有多种微量元素，有助于增强体力、提高免疫力。

特色
最爽的吃肉方式莫过于烧烤+奶酪的搭配！

鸡肉烤甜椒法棍

零失败
零负担

🕐 100分钟　🔍 高级

做法

❶ 将鸡胸肉、甜椒洗净，沥水；鸡胸肉对半片开备用。

❷ 取一小碗，放入腐乳汁、米酒、白砂糖、生抽和盐，混合均匀。

❸ 将鸡胸肉、姜片和切段的小葱放入酱汁，腌制30分钟。

❹ 用锡纸将鸡胸肉卷成卷后放入冰箱，继续腌制30分钟。

❺ 烤箱预热200℃，放入鸡胸肉和甜椒，烤40分钟。

❻ 期间甜椒烤出焦痕即可取出。剥皮、去蒂、去子后切成条状。

❼ 烤好的鸡肉卷切片。法棍纵向切开。

❽ 在法棍上依次铺上甜椒条和鸡肉卷片即可。

特色

烤过的甜椒酸中带一丝丝甜味，去掉了鸡肉的油腻感，和有质感的法棍配合在一起，美妙的一天从现在开始。

主料

鸡胸肉50克 | 红甜椒1/2个（约25克）| 黄甜椒1/2个（约25克）| 短法棍1个（约100克）

辅料

腐乳汁2汤匙 | 米酒2汤匙 | 白砂糖1汤匙 | 生抽1汤匙 | 盐适量 | 小葱1根 | 姜2片

食材	参考热量
鸡胸肉50克	67千卡
甜椒50克	13千卡
短法棍100克	240千卡
合计	320千卡

烹饪秘籍

由于制作工序复杂，鸡肉卷最好提前一晚腌制入味。

营养贴士

甜椒中含丰富的 β-胡萝卜素，能增强免疫力，可以帮助缓解身体的压力，改善睡眠。

鸡肉番茄贝果

宝宝也爱吃

🕐 30分钟　　🔍 简单

特色
在香喷喷的鸡肉面前，再挑嘴的娃都会大快朵颐，吃个不停！

主料
鸡胸肉100克 | 番茄1/2个（约80克） | 生菜1片（约2克） | 马苏里拉奶酪碎30克 | 贝果面包1个（约100克）

辅料
番茄酱1汤匙 | 蜂蜜芥末酱10毫升 | 盐、黑胡椒粉各适量

食材	参考热量
鸡胸肉100克	133千卡
番茄80克	16千卡
生菜2克	0千卡
贝果面包100克	330千卡
马苏里拉奶酪碎30克	93千卡
蜂蜜芥末酱10毫升	16千卡
合计	588千卡

烹饪秘籍
家里如果没有烤箱，也可以用平底锅烘烤贝果，一样好吃。

做法

❶ 番茄洗净、切丁。生菜洗净。

❷ 鸡胸肉用厨房纸巾吸干水分后，撒适量的盐和黑胡椒粉，腌10分钟。

❸ 起锅，加500毫升水烧开，放入鸡胸肉，中火煮8分钟，盛出沥水。

❹ 待鸡胸肉稍冷却后切成小块。

❺ 贝果对半切开，在其中一片上依次摆上番茄丁和鸡肉丁，撒上马苏里拉奶酪碎。

❻ 烤箱预热180℃，放入贝果烤10分钟，至奶酪融化后取出。

❼ 盖上生菜，淋上番茄酱和蜂蜜芥末酱，盖上另一片贝果即可。

营养贴士
很多人吃番茄喜欢去皮，其实在去皮的过程中反而容易让营养成分随着汁液而流失，所以推荐连皮吃番茄。

凤梨薄荷罗勒沙拉

清爽
不油腻

🕐 30分钟　　🔍 简单

特色
凤梨加薄荷的滋味就是爱情的味道，酸酸甜甜中带着一丝清凉。

主料
凤 梨150克｜薄 荷 叶20克｜罗 勒20克｜红藜麦30克｜豆苗80克

辅料
现磨黑胡椒碎适量｜蜂蜜芥末酱30毫升

食材	参考热量
凤梨150克	66千卡
藜麦30克	110千卡
豆苗80克	24千卡
薄荷叶20克	7千卡
蜂蜜芥末酱30毫升	48千卡
合计	255千卡

烹饪秘籍
提前将红藜麦浸泡一下，蒸时将浸泡红藜麦的水倒掉，上锅蒸即可。

做法

❶ 凤梨切块。薄荷叶洗净。罗勒洗净。红藜麦洗净备用。

❷ 蒸锅放入500毫升水烧开后，将红藜麦放入蒸锅，蒸15分钟后取出备用。

❸ 起锅，加500毫升水烧开，放入豆苗，中火煮10秒钟，盛出沥水。

❹ 取一容器，放入凤梨块、薄荷叶、罗勒以及豆苗。

❺ 撒上红藜麦。

❻ 撒上适量黑胡椒碎，淋上蜂蜜芥末酱即可。

营养贴士
薄荷含薄荷醇，平时口气较重的人可以经常食用薄荷清新口气，同时它还有提神醒脑的作用。

蓝莓柳橙沙拉

美味又减脂

🕐 20分钟　　🔍 简单

主料

蓝莓20克 | 橙子1个（约200克）| 红薯半个（约60克）| 芝麻菜50克

辅料

现磨黑胡椒碎1茶匙 | 香草乳酪酱30毫升

食材	参考热量
蓝莓20克	10千卡
橙子200克	96千卡
红薯60克	59千卡
芝麻菜50克	13千卡
香草乳酪酱3022毫升	71千卡
合计	249千卡

烹饪秘籍

红薯在这道沙拉里起到了主食的作用，你也可以替换成其他根茎类食材，比紫薯、土豆、山药等。

特色

蓝莓和柳橙富含膳食纤维，清蒸的红薯带来饱腹感，谁说健身减肥就要吃得清苦！

做法

❶ 蓝莓洗净，沥水备用。

❷ 橙子去皮、切块。

❸ 芝麻菜洗净备用。

❹ 红薯去皮、切块，上笼蒸10分钟，取出放凉。

❺ 取一容器，铺上芝麻菜，上面放红薯块、橙子块、蓝莓。

❻ 撒上适量黑胡椒碎，淋上香草乳酸酱即可。

营养贴士

蓝莓中花青素含量非常高，对于女性来说，是纯天然的抗衰老营养补充剂。

苹果紫薯船

满载
清新

🕐 25分钟　🔍 简单

做法

❶ 紫薯洗净，对切成两半。

❷ 上蒸锅，大火蒸 10 分钟至熟透。

❸ 挖出紫薯肉，留 1 厘米左右厚的紫薯肉，做成紫薯船。

❹ 用挖出的紫薯肉切成 1 厘米左右的紫薯丁。

❺ 水果黄瓜洗净，切成小丁。

❻ 苹果洗净，去皮、去核，切成同样大小的丁，淋少许柠檬汁翻拌避免氧化。

❼ 将紫薯丁、苹果丁、水果黄瓜丁混合后加入蛋黄酱拌匀。

❽ 装回紫薯船中，点缀几片薄荷叶即可。

特色

紫薯为船，填满混合了苹果和黄瓜清新味道的沙拉，嫩绿的薄荷叶像拥抱清风的小帆，带着你的味蕾乘风破浪，魔法般驶进健康的港湾。

主料

蛋黄酱30毫升｜紫薯2个（约200克）｜苹果1个（约160克）｜水果黄瓜3根（约400克）

辅料

柠檬汁适量｜薄荷叶几片

食材	参考热量
蛋黄酱30毫升	217千卡
紫薯200克	133千卡
苹果160克	86千卡
水果黄瓜400克	56千卡
合计	492千卡

烹饪秘籍

水果黄瓜水分多，口感更加清脆，但如果购买不到，也可用普通黄瓜代替，换成芦笋和芹菜丁也是不错的选择。但是这两种蔬菜最好先用开水烫一下再使用。

营养贴士

苹果和紫薯都是富含膳食纤维的健康食材，带来饱腹感和清新口味的同时，也能促进你的新陈代谢。

芝麻菜无花果沙拉

高级料理
轻松做

🕐 20分钟　🔍 简单

特色

只会出现在高级料理菜单上的无花果沙拉，其实做出来并不难！

主料

芝麻菜100克｜无花果3个（约240克）｜洋葱1/4个（约20克）｜椰子片20克

辅料

现磨黑胡椒碎适量｜盐适量｜意式油醋汁30毫升

食材	参考热量
芝麻菜100克	25千卡
无花果240克	156千卡
洋葱20克	8千卡
椰子片20克	115千卡
意式油醋汁30毫升	18千卡
合计	322千卡

烹饪秘籍

首选椰子片，如果家中没有，也可以用其他坚果代替，如榛子、夏威夷果、开心果等。

做法

❶ 芝麻菜洗净，沥水备用。

❷ 无花果洗净后切块。

❸ 洋葱去皮，切丝。

❹ 取一容器，放入芝麻菜、无花果块、洋葱丝。

❺ 撒上椰子片以及适量的盐和黑胡椒碎。

❻ 淋上意式油醋汁即可。

营养贴士

白领常常处于过疲劳的亚健康状态，而无花果含丰富的氨基酸，对恢复体力、消除疲劳有很好的作用。

主料

牛油果半个（约100克）| 圣女果
10个（约180克）| 黑豆豆芽30克 |
葡萄干20克

辅料

柠檬半个 | 盐适量 | 黑胡椒碎适
量 | 意式油醋汁30毫升

食材	参考热量
牛油果100克	161千卡
圣女果180克	41千卡
黑豆豆芽30克	6千卡
葡萄干20克	69千卡
意式油醋汁30毫升	18千卡
合计	295千卡

烹饪秘籍

可以将黑豆豆芽换成苜蓿。

杂菜沙拉

元气
健身餐

🕐 20分钟　🔍 简单

特色

即使没有肉食，这道沙拉也能带给你元气满满！

做法

❶ 牛油果去壳、切块。
柠檬挤汁。

❷ 取一容器，放入牛油
果块，撒适量盐、黑胡
椒碎，淋上柠檬汁拌匀。

❸ 圣女果洗净，对半
切开。黑豆豆芽洗净。

❹ 起锅，加500毫升
水烧开，放入黑豆豆芽，
中火余1分钟，盛出沥水。

❺ 取一容器，放入拌
好的牛油果块、圣女果、
黑豆豆芽。

❻ 撒上葡萄干，淋上
意式油醋汁即可。

营养贴士

**牛油果含有丰富的甘油
酸、蛋白质和维生素，是
天然的抗氧化、抗衰老剂。**

索引

131

秋葵玉米沙拉

男人的营养餐

⏱ 20分钟　🔍 简单

做法

❶ 玉米洗净后切成小块。

❷ 秋葵洗净，斜刀切段。

❸ 樱桃萝卜洗净，切片。

❹ 起锅，加500毫升水烧开，分别放入玉米块和秋葵段，中火余熟后盛出沥水。

❺ 核桃仁用擀面杖碾碎。

❻ 取一容器，放入玉米块、秋葵块、樱桃萝卜片。

❼ 撒上核桃碎，淋上日式油醋汁即可。

特色

对你的他好一点，就经常给他做份秋葵沙拉吧！

主料

水果玉米1根（约130克）｜秋葵20克｜核桃仁20克｜樱桃萝卜20克

辅料

日式油醋汁30毫升

食材	参考热量
水果玉米130克	148千卡
秋葵20克	9千卡
核桃仁20克	129千卡
樱桃萝卜20克	4千卡
日式油醋汁30毫升	55千卡
合计	345千卡

烹饪秘籍

如果家里没有擀面杖，可以将核桃仁装入保鲜袋扎紧后，往案板上摔几下，同样也可以将核桃仁碾碎。

营养贴士

秋葵低热量、低脂肪、高水分，含有的营养元素种类较多，食用价值很高，也是适合减肥期食用的食材之一。

索引

双色番茄沙拉

🕙 20分钟　🔍 简单

双重
酸甜

特色

红番茄、黄番茄，最美的色彩，最好的搭档，给你最多的维生素C!

主料

黄番茄30克 ｜ 红番茄30克 ｜ 奶酪20克 ｜ 杏仁碎20克 ｜ 苦菊叶50克

辅料

现磨黑胡椒碎适量 ｜ 百里香碎2茶匙 ｜ 意式油醋汁30毫升

食材	参考热量
番茄60克	12千卡
奶酪20克	66千卡
苦菊叶50克	28千卡
杏仁20克	116千卡
意式油醋汁30毫升	18千卡
合计	240千卡

── 烹饪秘籍 ──

如果想添加不同的风味，也可以将普通奶酪换成市售的风味奶酪小块。

做法

❶ 双色番茄洗净，对半切开。

❷ 奶酪刨成细丝。

❸ 苦菊叶洗净，沥水备用。

❹ 取一容器，铺上苦菊叶，上面铺上双色番茄块、杏仁碎。

❺ 撒上奶酪丝、百里香碎和适量的黑胡椒碎。

❻ 淋上意式油醋汁即可。

营养贴士

每天食用50~100克的鲜番茄，便可满足人体对多种维生素及矿物质的需求。

主料

胡萝卜1根（约110克）｜牛心菜100克｜玉米脆片50克

辅料

大蒜粉2茶匙｜橄榄油1茶匙｜红椒粉1茶匙｜盐适量｜意式油醋汁20毫升

食材	参考热量
胡萝卜110克	43千卡
牛心菜100克	24千卡
玉米脆片50克	183千卡
意式油醋汁20毫升	12千卡
合计	262千卡

烹饪秘籍

胡萝卜中的脂溶性维生素，只有经过用油煸炒以后，才能更好地被人体吸收。

胡萝卜牛心菜沙拉

素食的魅力

⏱ 25分钟　　🔍 简单

特色

过油煸炒的胡萝卜丝去除了原有的生涩味，和牛心菜搭配，既管饱又不用担心长肉。

做法

❶ 胡萝卜洗净、去皮、切丝。牛心菜洗净、切丝。

❷ 起油锅，放入适量橄榄油，放入胡萝卜丝煸炒。

❸ 放入大蒜粉、红椒粉和适量盐，煸炒均匀后出锅。

❹ 取一容器，放入牛心菜丝、胡萝卜丝。

❺ 撒上玉米脆片。

❻ 淋上适量的意式油醋汁即可。

营养贴士

牛心菜含有丰富的水分和膳食纤维，食用之后能产生明显的饱腹感；同时，它还含有丰富的叶酸，对孕妈妈来说是理想的健康食品。

藜麦芦笋全素沙拉

🕐 30分钟
🔍 简单

做法

❶ 小锅加 500 毫升水、几滴橄榄油和少许盐，煮沸；藜麦洗净沥干，放入沸水中，小火煮 15 分钟。

❷ 将煮好的藜麦捞出，沥干水分，放入沙拉碗中备用。

❸ 芦笋洗净，切去老化的根部，斜切成 2 厘米左右的段。

❹ 西蓝花洗净，去梗，切分成适口的小朵。

❺ 速冻玉米粒用冷水冲去浮冰，沥干水分。

❻ 胡萝卜洗净、去根，切成薄片后再用蔬菜切模切出花朵状。

❼ 将芦笋、西蓝花、速冻玉米粒和胡萝卜片一起放入煮沸的淡盐水中，煮至水再次沸腾即可关火，捞出食材，沥干水分，晾凉。

❽ 番茄去蒂、洗净，切成小块，与余烫过的蔬菜一起放入装有藜麦的沙拉碗中，翻拌均匀，挤上千岛酱即可。

主料

藜麦50克 ｜ 芦笋100克 ｜ 西蓝花100克 ｜ 胡萝卜50克 ｜ 玉米粒50克 ｜ 番茄50克

辅料

盐少许 ｜ 橄榄油1茶匙 ｜ 千岛酱30毫升

食材	参考热量
藜麦50克	184千卡
芦笋100克	22千卡
西蓝花100克	36千卡
胡萝卜50克	20千卡
玉米粒50克	56千卡
番茄50克	10千卡
千岛酱30毫升	143千卡
合计	471千卡

烹饪秘籍

这道沙拉的食材不拘一格，但因为是全素沙拉，食材的处理应尽量以余烫为主，能够使口感更加清爽。你可随喜好，加入各种菌菇和可以直接生食的食材。

营养贴士

胡萝卜富含胡萝卜素、维生素、花青素、钙、铁等营养成分，经常食用可以有效降低胆固醇，预防心脏疾病和肿瘤。

特色

虽然全素，但是仅藜麦一种食材就可以满足人体的多种营养需求，更别提还加上多种健康的蔬菜了，能让你的身体充满能量！

和风 海带荞麦面沙拉

夏日里的凉风

⏱ 30分钟　🔍 中等

做法

❶ 海带结、蟹腿菇、菠菜洗净，沥水备用。

❷ 起锅，加500毫升水烧开，放入荞麦面，中火煮5分钟，盛出沥水。

❸ 将面泡在冰水里备用。

❹ 起锅，加500毫升水烧开，分别放入小海带结、蟹腿菇、菠菜，中火煮熟，盛出沥水。

❺ 取一奶锅，中火加热，放入生抽、味醂、清酒及适量清水，烧开后离火放凉备用。

❻ 取一盘子，用筷子或叉子将荞麦面盘成小份，放入盘中。

❼ 在荞麦面上放上小海带结、蟹腿菇和菠菜。

❽ 撒上适量熟白芝麻，淋上酱汁和辣椒油即可。

特色

凉爽的荞麦面是炎炎夏日的标配，别看是全素的配菜，但各有各的鲜味，组合在一起，妙不可言！

主料

荞麦面100克 | 小海带结20克 | 蟹腿菇15克 | 菠菜50克

辅料

辣椒油少许 | 生抽2汤匙 | 味醂2汤匙 | 清酒1汤匙 | 熟白芝麻1茶匙

食材	参考热量
荞麦面100克	340千卡
海带结20克	3千卡
蟹腿菇15克	5千卡
菠菜50克	14千卡
合计	362千卡

烹饪秘籍

将刚煮好的荞麦面泡在冰水里，可以使面条保持筋道弹牙的口感。

营养贴士

海带含有大量的不饱和脂肪酸及膳食纤维，可以清除血管壁上多余的胆固醇。

肉桂 苹果三明治

苹果的西式吃法

🕐 30分钟　🔍 中等

做法

❶ 柠檬榨汁。苹果洗净、去核、切片备用。

❷ 取一容器，放入苹果片，淋上部分柠檬汁，腌10分钟。

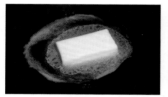

❸ 取一平底锅，放入黄油后，中火加热。

❹ 待黄油融化后，放入苹果片煸炒。

❺ 加葡萄干、肉桂粉、红糖、朗姆酒以及剩余的柠檬汁继续煸炒，至苹果片呈焦糖色后盛出。

❻ 取一片软欧包，依次码上肉桂苹果片，淋上锅中剩余的肉桂苹果酱汁，另一片面包也同样操作。

特色

如果喜欢苹果派里的肉桂香味，那就一定要来试试这款简化版的苹果三明治。

主料

苹果半个（约80克）｜葡萄干20克｜柠檬半个（约30克）｜软欧包切片2片（约70克）

辅料

肉桂粉2茶匙｜红糖1汤匙｜朗姆酒5毫升｜黄油15克

食材	参考热量
苹果80克	43千卡
葡萄干20克	69千卡
柠檬30克	10千卡
软欧包切片70克	207千卡
黄油15克	133千卡
合计	462千卡

烹饪秘籍

在苹果片盛出来之前可以用大火收一下汁，这样做出来的肉桂苹果口感更好。

营养贴士

肉桂粉是桂皮磨成的粉末，有痛经困扰的女性可以经常吃一些含有肉桂的食物来食疗。

牛油果三明治

简单却好吃　🕐 15分钟　🔍 简单

做法

❶ 起锅，加500毫升水烧开，放入鸡蛋，中火煮8分钟，盛出沥水，剥壳。

❷ 牛油果去皮、去核、切块。

❸ 取一容器，放入牛油果块、鸡蛋，用勺子将食材捣碎。

❹ 放入适量盐和黑胡椒碎，搅拌均匀。

❺ 取一片吐司，均匀地抹上牛油果鸡蛋。

❻ 盖上一片吐司，放上2片火腿，再盖上剩余的吐司。

❼ 用刀将三明治呈十字切成四份即可。

特色

只要你学会了做牛油果三明治，在以后每个通勤的早晨，只要15分钟就能获得一份营养早餐。

主料

牛油果半个（约100克）｜鸡蛋1个（约50克）｜火腿2片（约60克）｜吐司3片（约180克）

辅料

现磨黑胡椒碎5克｜盐1茶匙

食材	参考热量
牛油果100克	161千卡
鸡蛋50克	72千卡
火腿60克	70千卡
吐司180克	500千卡
合计	803千卡

烹饪秘籍

如果喜欢溏心蛋的口感，可以适当减少煮蛋的时间。

营养贴士

牛油果含丰富的维生素A、维生素E和维生素B_2，这些营养成分对眼睛有好处，所以经常用眼的人应该多吃牛油果。

双莓三明治

高颜值
高营养 ⏱ 20分钟 🔍 简单

做法

❶ 将草莓、蓝莓分别洗净，沥水备用。

❷ 草莓去蒂后，将其中5个切碎。

❸ 取一容器，放入淡奶油，加适量白砂糖，打发至淡奶油呈凝固不流动状态。

❹ 加入草莓碎搅拌均匀。

❺ 吐司切掉四周的边后，取其中一片抹0.5厘米厚的草莓奶油。

❻ 依次码上剩余的草莓和蓝莓。

❼ 再抹上剩余的草莓奶油，将水果之间的空隙全部填满。

❽ 盖上另一片吐司，放冰箱冷藏10分钟，吃时对半切开即可。

特色

酸甜的草莓和蓝莓，在浓郁的奶油衬托下，显示格外清新爽口。

主料

草莓10个（约100克）丨蓝莓10个（约20克）丨吐司2片（约120克）

辅料

淡奶油50毫升丨白砂糖10克

食材	参考热量
草莓100克	32千卡
蓝莓20克	10千卡
吐司120克	333千卡
淡奶油50毫升	175千卡
白砂糖10克	40千卡
合计	590千卡

烹饪秘籍

草莓要选择个头大小适中的品种，切出来的三明治才好看。

营养贴士

草莓含丰富的维生素C和膳食纤维，它还是痤疮的天敌，所以女性应该经常吃些草莓。

烤彩椒三明治

春天的色彩

⏱ 20分钟　🔍 简单

做法

❶ 彩椒洗净，沥水备用。洋葱洗净、去皮、切丝。

❷ 炉灶开中火，将彩椒直接放炉灶上烘烤，至表皮完全变成黑色后关火。

❸ 用保鲜膜将烤好的彩椒包好，放置5分钟。

❹ 剥去彩椒皮后，冲洗干净，切片备用。

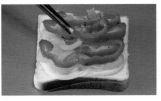

❺ 取厚吐司片，平铺上洋葱丝后，码上彩椒片。

❻ 撒适量的盐、黑胡椒碎以及马苏里拉奶酪。

❼ 烤箱预热180℃，将厚吐司放入烤箱，焗10分钟后取出即可。

特色

甜甜软软的烤彩椒和洋葱，撒上马苏里拉奶酪，在烤箱中慢慢地焗出了春天的滋味。

主料

红甜椒1/4个（约10克）丨黄甜椒1/4个（约10克）丨洋葱1/4个（约20克）丨厚吐司1片（约60克）丨马苏里拉奶酪50克

辅料

盐适量丨现磨黑胡椒碎适量

食材	参考热量
甜椒20克	5千卡
洋葱20克	8千卡
厚吐司60克	126千卡
马苏里拉奶酪50克	173千卡
合计	312千卡

烹饪秘籍

彩椒经过烘烤后很容易剥皮，而且口感会更好。

营养贴士

洋葱能帮助人体降血压，因此经常食用洋葱对患有高血压、高脂血症和心脑血管的人有保健作用。

香草 土豆泥三明治

土豆的另类做法

🕐 20分钟　　🔍 中等

做法

❶ 罗勒和百里香洗净，切碎。洋葱洗净，去皮，切丁。土豆洗净，去皮，切块备用。

❷ 起锅，加500毫升水烧开，放入土豆，中火煮8分钟，盛出沥水。

❸ 土豆放入料理机中搅拌成土豆泥。

❹ 放入切碎的罗勒、百里香以及洋葱丁。

❺ 放入姜黄粉、大蒜粉、适量盐搅拌均匀。

❻ 取一片吐司，放上一片紫苏叶后再抹上香草土豆泥。

❼ 盖上一片吐司后，同样放一片紫苏叶及抹上香草土豆泥，盖上剩余的吐司。

❽ 烤箱预热180℃，将香草土豆泥三明治放入烤箱，烤3分钟后取出即可。

特色

平凡的土豆在各种香草的叠加下，有了另一种别样的风味。

主料

罗勒10克｜百里香10克｜紫苏叶2片（约1克）｜洋葱1/4个（约20克）｜土豆1个（约200克）｜吐司3片（约180克）

辅料

姜黄粉2茶匙｜大蒜粉1茶匙｜盐适量

食材	参考热量
土豆200克	154千卡
洋葱20克	8千卡
罗勒10克	3千卡
百里香10克	0千卡
紫苏叶1克	1千卡
吐司180克	500千卡
合计	666千卡

烹饪秘籍

香草的品种有很多，可以任意替换成你喜欢的品种，如柠檬草、鼠尾草等。

营养贴士

紫苏叶可以解热、发汗，吃些紫苏叶可以有效治疗风寒感冒。

魔芋排三明治

素食做出肉味

🕐 25分钟　🔍 简单

做法

❶ 魔芋洗净，切片，蘸适量的淀粉备用。

❷ 蘑菇洗净，切片。豆苗洗净。

❸ 起锅，加500毫升水烧开，放入豆苗，中火余30秒，盛出沥水。

❹ 取一平底锅，放入适量油，中火加热，将魔芋排平铺在锅内，煎至两面金黄。

❺ 另起油锅，放入蘑菇片煸炒，放入生抽、老抽、白砂糖、盐以及适量的清水。

❻ 开中火烧至酱汁浓稠后关火盛出。

❼ 取一片吐司，铺上适量的豆苗后再码上炒好的魔芋排和蘑菇片。

❽ 铺上剩余的豆苗后，盖上另一片吐司即可。

特色

煎过的魔芋排隐隐透着一丝肉香，谁说吃素就没有好味道？

主料

魔芋80克 | 蘑菇5个（约30克）| 豆苗20克 | 吐司2片（约120克）

辅料

生抽1汤匙 | 老抽1茶匙 | 白砂糖2汤匙 | 盐1茶匙 | 淀粉5克 | 油适量

食材	参考热量
魔芋80克	16千卡
蘑菇30克	7千卡
豆苗20克	6千卡
吐司120克	333千卡
合计	362千卡

烹饪秘籍

魔芋排的口味可根据自己的喜好调整，如糖醋、椒盐或咖喱口味等。

营养贴士

魔芋素有"胃肠清道夫"之称，能延缓葡萄糖的吸收，有效地降低餐后血糖，非常适合高血糖的人食用。

番茄菠菜奶酪三明治

田园风
来一个

🕐 25分钟　　🔍 简单

做法

❶ 番茄洗净、切片。菠菜洗净、去蒂。

❷ 奶酪撕成小块。

❸ 起锅，加500毫升水烧开，放入菠菜，中火煮3分钟，盛出沥水。

❹ 取一容器，放入番茄片和菠菜。

❺ 放入适量的盐、橄榄油和黑胡椒碎，搅拌均匀。

❻ 取厚吐司片，铺上搅拌好的番茄片和菠菜。

❼ 均匀地撒上奶酪和松子仁。

❽ 烤箱预热180℃，将厚吐司放入烤箱烤5分钟即可。

特色

满满的维生素C加丰富的蛋白质，即使是全素的三明治，也一样能吃出厚实的感觉。

主料

番茄1个（约165克）| 菠菜80克 | 奶酪30克 | 熟松子仁10克 | 厚吐司1片（约60克）

辅料

盐适量 | 橄榄油适量 | 现磨黑胡椒碎适量

食材	参考热量
番茄165克	33千卡
菠菜80克	22千卡
奶酪30克	98千卡
熟松子仁10克	53千卡
厚吐司60克	126千卡
合计	332千卡

烹饪秘籍

番茄可以换成"千禧"之类的小番茄品种，味道会更甜。

营养贴士

菠菜含丰富的膳食纤维，经常便秘的人可以适当地多吃些菠菜帮助排便。

爽脆莲藕三明治

怎么吃都不腻

🕐 15分钟 🔍 简单

特色
糖醋莲藕做成三明治中的馅料，你会不会爱上它？

主料

莲藕50克｜荷兰豆20克｜千张豆腐10克｜短法棍1个（约100克）

辅料

醋2茶匙｜白砂糖2茶匙｜生抽1汤匙｜油适量

食材	参考热量
莲藕50克	37千卡
荷兰豆20克	6千卡
千张豆腐10克	17千卡
短法棍100克	240千卡
合计	300千卡

—— 烹饪秘籍 ——

为了保持蔬菜的爽脆口感，可以适当调大火候，将莲藕和千张豆腐迅速爆炒出锅。

做法

❶ 莲藕洗净，去皮，切小块。荷兰豆洗净、去蒂。千张豆腐切片。

❷ 起锅，加500毫升水烧开，分别放入荷兰豆、千张豆腐，中火煮熟，盛出沥水。

❸ 取一平底锅，放适量油，中火加热，放入莲藕块和千张豆腐焖炒，放入生抽、白砂糖、醋及适量清水，继续焖炒。

❹ 待锅内酱汁浓稠后开大火收汁盛出。

❺ 法棍纵向剖开。

❻ 依次码上荷兰豆、炒好的糖醋莲藕及千张豆腐即可。

营养贴士

高脂血症或心血管病患者应该经常吃些莲藕，它能帮助我们降低胆固醇。

烤玉米藜麦沙拉

这样搭配最赞 ⏱ 30分钟 🔍 中等

做法

❶ 玉米、虾仁及综合生菜洗净，沥水备用。

❷ 蒸锅放入 500 毫升水烧开后，将藜麦放入蒸锅，蒸 15 分钟后取出备用。

❸ 起锅，加 500 毫升水烧开，放入虾仁，放入适量盐，中火煮 3 分钟，盛出沥水。

❹ 取一平底锅，放入黄油，中火加热。

❺ 等黄油完全融化后，放入玉米，撒适量盐和孜然粉，边烤边用勺子将黄油浇到玉米上，单面微焦后顺时针转面继续烤，直至玉米全部烤熟。

❻ 将烤好的玉米切成段。

❼ 取一容器，放入综合生菜、烤玉米、虾仁，撒上藜麦。

❽ 淋上意式油醋汁即可。

特色

被称为"网红沙拉神物"的藜麦和金黄的烤玉米搭在一起，透着清新的谷物香，美味无负担。

主料

玉米1根（约130克）| 藜麦50克 | 虾仁20克 | 综合生菜100克

辅料

孜然粉2茶匙 | 盐适量 | 意式油醋汁20毫升 | 黄油15克

食材	参考热量
玉米130克	148千卡
藜麦50克	184千卡
虾仁20克	10千卡
综合生菜100克	16千卡
黄油15克	133千卡
意式油醋汁20毫升	12千卡
合计	503千卡

烹饪秘籍

如果家里有烤箱，也可以在给玉米调味后用锡纸包裹，放入烤箱200℃烤20分钟左右。

营养贴士

藜麦所含蛋白质的品质和含量可以与肉类媲美，是素食者的极佳选择，同时也是大米等谷物的优质替代品。

索引

西葫芦燕麦沙拉

15分钟搞定
⏰ 15分钟　🔍 中级

做法

❶ 西葫芦洗净，沥水，纵向剖成长薄片。胡萝卜洗净，去皮，切丝。黄甜椒洗净，切丝。

❷ 烤箱预热200℃，把燕麦平铺在烤盘中，放入烤箱烤10分钟，取出放凉。

❸ 取一容器，放入金枪鱼，加入蛋黄酱搅拌均匀。

❹ 取一平底锅，放入适量的橄榄油，放入胡萝卜丝，中火煸炒3分钟后盛出。

❺ 取一平底锅，放入适量的橄榄油，放入西葫芦片，撒适量盐，中火煎3分钟，翻面，继续中火煎3分钟后盛出，放入垫有吸油纸的盘中备用。

❻ 取一容器，将大蒜粉、橄榄油、盐调成沙拉汁。

❼ 取一片西葫芦片，平铺上适量的胡萝卜丝、黄甜椒丝，用勺子舀适量的金枪鱼沙拉，卷成小卷，将卷好的西葫芦卷码入盘中。

❽ 浇上调好的沙拉汁，撒上燕麦和奶酪粉即可。

特色

片成长片的西葫芦，卷上各种细丝和蛋黄酱金枪鱼，再撒上燕麦，高级感的餐前菜其实做起来一点也不难！

主料

西葫芦100克｜胡萝卜半根（约55克）｜黄甜椒1/2个（约25克）｜燕麦60克｜水浸金枪鱼罐头1/2罐（约90克）

辅料

奶酪粉适量｜大蒜粉2茶匙｜橄榄油适量｜蛋黄酱20毫升｜盐少许

食材	参考热量
西葫芦100克	19千卡
胡萝卜55克	21千卡
黄甜椒25克	6千卡
燕麦60克	226千卡
水浸金枪鱼罐头90克	89千卡
蛋黄酱20毫升	145千卡
合计	506千卡

烹饪秘籍

在片西葫芦片时可使用市场上出售的专业工具，可以迅速片出完整的长片。

营养贴士

燕麦可以有效降低胆固醇，经常食用对心血管疾病有一定预防作用。

煮燕麦全素沙拉

素食也营养

🕐 35分钟　🔍 中等

做法

❶ 将农家燕麦片洗净，提前用清水浸泡 2 小时。

❷ 将泡好的燕麦片放入沸水中，小火熬煮 15 分钟左右，捞出，沥干水分备用。

❸ 胡萝卜洗净，切成 1 厘米左右的小丁。

❹ 西葫芦洗净，切去顶端，切成 1.5 厘米左右的小丁。

❺ 锅中烧热橄榄油，放入胡萝卜丁，小火翻炒 1 分钟左右。

❻ 加入西葫芦，中火翻炒 1 分钟，撒少许盐和现磨黑胡椒，关火。

❼ 速冻玉米粒放入开水中煮 1 分钟左右，捞出沥干水分。

❽ 将煮好的燕麦片、玉米粒，和炒好的蔬菜一起放入沙拉碗，加入意式油醋汁即可。

主料

农家燕麦片30克 | 胡萝卜50克 | 西葫芦100克 | 速冻玉米粒100克

辅料

橄榄油2茶匙 | 意式油醋汁4茶匙 | 现磨黑胡椒少许 | 盐少许

食材	参考热量
农家燕麦片30克	113千卡
胡萝卜50克	20千卡
西葫芦100克	19千卡
速冻玉米粒100克	327千卡
意式油醋汁30毫升	18千卡
合计	497千卡

烹饪秘籍

全素沙拉中的蔬菜可换成自己喜欢的其他蔬菜，以根茎类和菌菇类为佳。

营养贴士

蔬菜的处理方式除了油炒之外，也可以采用清煮的方式，口感虽然会略逊一筹，但热量也会降低。

特色
仅用燕麦搭配各色蔬菜，点缀以健康的橄榄油，虽然是全素，却口感丰富，营养均衡，也能吃得饱，吃得好。

蜜瓜
火腿薏米沙拉

传说中的经典菜

⏱ 20分钟　🔍 简单

做法

❶ 哈密瓜去皮，切条。

❷ 薏米洗净，沥水备用。

❸ 菊苣洗净，沥水备用。

❹ 薏米放入锅中，加 500 毫升水，大火煮沸后，加适量盐，转小火煮 20 分钟，沥水备用。

❺ 取一沙拉盘，将菊苣铺盘中。

❻ 将蜜瓜条用生火腿包裹，卷成小卷。

❼ 将火腿蜜瓜卷依次码入盘中。

❽ 撒上薏米以及适量的奶酪粉即可。

特色

这道菜是意大利菜经典中的经典，但做起来却不难。多汁的蜜瓜衬托出火腿的咸鲜，咸甜的滋味平衡得刚刚好。

主料

哈密瓜100克 ｜ 生火腿6片（约30克）｜ 薏米30克 ｜ 菊苣50克

辅料

奶酪粉10克 ｜ 盐适量

食材	参考热量
哈密瓜100克	34千卡
生火腿片30克	44卡
薏米30克	108千卡
菊苣50克	10千卡
合计	196千卡

—— 烹饪秘籍 ——

蜜瓜也可以替换成其他你喜欢的水果食材，只要质地爽脆，甜度适中就行。

营养贴士

薏米可以帮助人体祛湿，远离浮肿困扰，所以在夏季可以经常吃些薏米，帮助体内祛湿。

古斯米沙拉

来自北非的法餐

🕐 45分钟　　🔍 简单

特色

这道沙拉来自非洲大陆，却广受法国人民的喜爱，古斯米沙拉的魅力只有吃了才知道！

主料

古斯米100克 | 南瓜150克 | 生火腿片3片（约15克） | 红菊苣50克 | 菊苣50克

辅料

红椒粉2茶匙 | 盐适量 | 孜然粉2茶匙 | 橄榄油适量 | 意式油醋汁30毫升

食材	参考热量
古斯米100克	354千卡
南瓜150克	35千卡
生火腿片15克	22千卡
菊苣100克	20千卡
意式油醋汁30毫升	18千卡
合计	449千卡

烹饪秘籍

如果家里没有烤箱，也可将南瓜切成片，用平底锅煎熟。

做法

❶ 南瓜洗净，去皮，切块。火腿撕成小片。菊苣洗净，沥水备用。

❷ 古斯米放入锅中，放入1∶1的水，大火煮沸后，转小火煮15分钟后取出。

❸ 烤箱预热200℃，将南瓜块放入烤盘，抹适量橄榄油，撒适量红椒粉、盐、孜然粉，烤30分钟。

❹ 取一容器，将红菊苣和菊苣铺在碗中。

❺ 放入烤南瓜块和火腿片，撒上古斯米。

❻ 淋上意式油醋汁即可。

营养贴士

古斯米是一种粗粮，含有丰富的不可溶性膳食纤维，肠胃不好的人可以经常吃，有助消化。

主料

烟熏三文鱼100克 | 冰草100克 |
鲜玉米粒30克

辅料

盐适量 | 日式油醋汁30毫升

食材	参考热量
烟熏三文鱼100克	224千卡
冰草100克	34千卡
鲜玉米粒30克	34千卡
日式油醋汁30毫升	55千卡
合计	347千卡

┌─── **烹饪秘籍** ───┐

为了节省时间，鲜玉米粒也可使用市
售的速冻玉米粒或玉米罐头代替。

烟熏三文鱼冰草
甜玉米沙拉

┌─────┐
│ 春天的 │
│ 芭蕾 │
└─────┘

🕐 20分钟　🔍 简单

特色

生鲜即食的冰草，夹杂着软糯的烟熏三文鱼，多层次的口感
是不是你的菜？

做法

❶ 三文鱼撕成小片。

❷ 冰草洗净，沥水备用。

❸ 起锅，加500毫升
水烧开，放入鲜玉米粒，
放入适量盐，中火煮3
分钟，盛出沥水。

❹ 取一容器，将冰草
铺在碗中。

❺ 放入烟熏三文鱼和
玉米粒，淋上日式油醋
汁即可。

营养贴士

冰草含丰富的植物盐，夏
天经常食用，可以帮助人
体补充流失的盐分和水分。

海苔
纳豆山药泥沙拉

爽滑
好滋味

⏱ 25分钟　🔍 简单

做法

❶ 山药洗净，去皮，磨成泥。

❷ 芥蓝洗净，斜切成小块。

❸ 取一奶锅，放入生抽、味醂、清酒和一杯清水，中火加热5分钟成酱汁。

❹ 起锅，加500毫升水烧开，放入芥蓝，中火煮3分钟，盛出沥水。

❺ 取一容器，将芥蓝铺在碗底，铺上山药泥。

❻ 纳豆充分搅拌后，铺在山药泥上。

❼ 撒上海苔碎。

❽ 淋上调好的酱汁。

特色

清淡却不失丰富的口感，这样的和风沙拉再多也能消化！

主料

海苔碎30克｜山药50克｜芥蓝30克｜纳豆50克

辅料

生抽2汤匙｜味醂1汤匙｜清酒1汤匙

食材	参考热量
海苔碎30克	139千卡
山药50克	29千卡
芥蓝30克	7千卡
纳豆50克	95千卡
合计	270千卡

烹饪秘籍

清洗山药之前把手放在稀释过的醋水中泡一会儿，或者戴上手套，这样就不会有手痒的烦恼了。

营养贴士

纳豆可帮助人体排除体内多余的胆固醇，所以有高脂血症困扰的人可以经常吃些纳豆。

鹰嘴豆德式沙拉

日耳曼风味 | ⏱1晚+30分钟 | 🔍中等

做法

❶ 鹰嘴豆用清水冲洗干净，然后用清水浸泡过夜。

❷ 锅中加入3倍于豆子体积的清水，将浸泡好的鹰嘴豆捞出，放入锅中，大火煮沸后转小火煮10分钟。

❸ 将煮好的鹰嘴豆捞出，沥干水分，放入沙拉碗中。

❹ 煮豆子的时间可以用来煎德式白肠：取平底锅加热，将德式白肠放入，边煎边转动，直至外皮略呈金黄色，内部熟透，稍微晾凉备用。

❺ 樱桃萝卜洗净，控干水分，萝卜缨弃用，将萝卜切成0.1厘米极薄的圆形小片。

❻ 芝麻菜洗净，去除老叶和根部，切成3厘米左右的小段。

❼ 将煎好的德式白肠切成0.5厘米左右厚、圆形的薄片。

❽ 将鹰嘴豆、德式白肠、樱桃萝卜和芝麻菜一并放入沙拉碗中，淋上意式油醋汁即可。

主料

鹰嘴豆50克｜樱桃萝卜100克｜芝麻菜100克｜德式白肠100克

辅料

意式油醋汁40毫升

食材	参考热量
鹰嘴豆50克	158千卡
樱桃萝卜100克	20千卡
芝麻菜100克	25千卡
德式白肠100克	318千卡
意式油醋汁40毫升	24千卡
合计	545千卡

烹饪秘籍

1. 樱桃萝卜一定要切得足够薄，具有透明感，才会非常好看，也更容易入味。

2. 除了干鹰嘴豆，也可以直接使用即食的鹰嘴豆罐头来制作这道沙拉。

营养贴士

鹰嘴豆含有丰富的植物蛋白质、膳食纤维、维生素和多种矿物质，在补血、补钙等方面作用明显，是贫血患者、生长期的青少年的极佳食品。

特色

奇妙如鹰嘴般的小小豆子，却蕴含了丰富的营养。配上喷香的德国白肠、水灵灵的小萝卜，再点缀上具有极浓芝麻香气的菜叶，就是一份超级解馋又养眼的德式沙拉。

黑豆
小米开心果沙拉

⏱ 45分钟　🔍 中等

做法

1 黑豆洗净，加水浸泡 30 分钟。小米洗净备用。芝麻菜洗净，沥水备用。

2 开心果用擀面杖碾成开心果碎。

3 蒸锅放入 500 毫升水烧开后，将小米放入蒸锅，蒸 15 分钟后取出备用。

4 黑豆放入锅中，放入 2 倍的水，大火煮沸后，转小火煮半小时。

5 放入白砂糖、盐和生抽，继续煮 15 分钟后关火，沥水备用。

6 取一沙拉碗，将芝麻菜铺在盘中。

7 放入酱煮黑豆和小米。

8 撒上开心果碎，淋上日式油醋汁即可。

特色

以往它们都是沙拉中的小配角，但当它们聚在一起时，也会爆发出巨大的美食能量！

主料

黑豆50克 | 小米50克 | 芝麻菜50克 | 开心果30克

辅料

白砂糖1汤匙 | 生抽2汤匙 | 盐少许 | 日式油醋汁30毫升

食材	参考热量
黑豆50克	201千卡
小米50克	181千卡
芝麻菜50克	13千卡
开心果30克	184千卡
日式油醋汁30毫升	55千卡
合计	634千卡

烹饪秘籍

提前一天泡豆或用高压锅煮豆，都能让黑豆更快地煮熟。

营养贴士

黑豆对乌发养发有好处，因此有白发或脱发烦恼的人可以经常吃些黑豆，帮助自己的头发补充营养。

坚果彩虹沙拉

绚烂
好心情

⏱ 25分钟　🔍 简单

特色

红橙黄绿紫，五颜六色的蔬菜铺满盘中，让人看一眼就立刻拥有好心情，更别提它们丰富的口味和营养。山核桃与松仁的点缀，让整道沙拉的口感更具层次。

主料

芥末甜味花生酱30克 | 紫甘蓝100克 | 生菜100克 | 胡萝卜80克 | 圣女果（红黄两色）100克

辅料

薄荷叶10克 | 松子仁15克 | 奶油味山核桃仁（成品）15克

食材	参考热量
芥末甜味花生酱30克	180千卡
紫甘蓝100克	25千卡
生菜100克	16千卡
胡萝卜80克	31千卡
圣女果100克	25千卡
薄荷叶10克	3千卡
松子仁15克	108千卡
奶油味山核桃仁15克	93千卡
合计	481千卡

烹饪秘籍

山核桃也可以用普通的核桃代替。核桃与松仁一起用锅焙一下会更香。

做法

❶ 紫甘蓝、生菜分别洗净、切成适口小片。

❷ 胡萝卜洗净、去皮、切片。

❸ 锅中放入清水烧开，下入胡萝卜片烫煮至断生后捞出。

❹ 薄荷叶洗净。圣女果洗净、去蒂后切片。

❺ 平底锅不放油烧热，放入松仁小火焙香。

❻ 将上述所有食材放入容器中，撒上山核桃仁，加入芥末花生酱拌匀即可。

营养贴士

松仁具有滋阴、润肺、祛风、润肠等功效，在宋朝就被视为"长生果"，作为重要的养生食材而备受人们喜爱。山核桃则可以润肺平喘，养血补气。

主料

芋头100克｜樱桃萝卜30克｜腰果30克｜球生菜50克

辅料

日式芝麻酱30毫升｜盐适量｜柠檬半个

食材	参考热量
芋头100克	81千卡
樱桃萝卜30克	6千卡
腰果30克	168千卡
球生菜50克	8千卡
日式芝麻酱30毫升	70千卡
合计	333千卡

烹饪秘籍

如果喜欢厚实的口感，可以选择口感绵软、质地扎实的荔浦芋头。

腰果香芋沙拉

齿颊留香

⏱ 25分钟　　🔍 简单

特色

用"满口生香"来形容这道沙拉一点也不为过，脆脆的腰果和甜糯的芋头形成了鲜明的对比，口感层次十分丰富。

做法

❶ 芋头洗净、去皮、切块。樱桃萝卜洗净、切片。柠檬挤汁。球生菜洗净。

❷ 烤箱预热200℃，将腰果平铺在烤盘里，放入烤箱烤5分钟。

❸ 蒸锅放入适量的水烧开后，将芋头块放入碗中，撒适量盐，上蒸锅蒸15分钟后取出备用。

❹ 取一容器，放入樱桃萝卜，淋上柠檬汁拌匀。

❺ 取一沙拉碗，放入球生菜，上面放上芋头块和樱桃萝卜。

❻ 撒上腰果，淋上日式芝麻酱即可。

营养贴士

腰果含丰富的维生素A，是天然的抗氧化剂，能使皮肤富有光泽。

索引

鸡肉鹰嘴豆泥三明治

中东风味的加餐

⏱ 25分钟　🔍 中等

做法

❶ 茄子洗净，切丁。鸡胸肉用厨房纸巾吸干水分。

❷ 鸡胸肉撒适量盐、黑胡椒碎，淋上柠檬汁，腌 10 分钟。

❸ 取一平底锅加热，倒入少许橄榄油，放入鸡胸肉，双面煎至金黄盛出。

❹ 待鸡肉稍冷却后，斜切成片。

❺ 另取一平底锅加热，倒入少许橄榄油，放入茄子丁，煸炒至茄丁金黄盛出。

❻ 将茄丁、鹰嘴豆倒入料理机中，放咖喱粉、盐、日式芝麻酱，打成泥状。

❼ 吐司放入面包炉上烤 3 分钟，烤至双面金黄后取出。

❽ 取一片吐司，抹上咖喱茄子鹰嘴豆泥，摆上鸡胸肉，盖上另一片吐司，对角切开即可。

主料

鸡胸肉50克 | 鹰嘴豆罐头 1/2 罐（约150克） | 茄子30克 | 吐司2片（约120克）

辅料

咖喱粉2茶匙 | 盐适量 | 黑胡椒碎5克 | 橄榄油1汤匙 | 日式芝麻酱1汤匙 | 柠檬汁1茶匙

食材	参考热量
鸡胸肉50克	67千卡
鹰嘴豆罐头150克	184千卡
茄子30克	7千卡
吐司120克	333千卡
合计	591千卡

烹饪秘籍

如果喜欢颗粒的口感，在打鹰嘴豆泥时可将部分鹰嘴豆和茄子取出另外放，在后阶段再重新拌入打好的鹰嘴豆泥中。

营养贴士

鹰嘴豆含人体必需的8种氨基酸，所以处于发育阶段的青少年和需要强健骨骼的人都可以多吃点鹰嘴豆。

特色
神奇的鹰嘴豆打成泥，口感绵密松软，带有
独特的坚果香味，无论是作为蘸酱还是三明
治的馅料，都是一等一的佳品！

麻婆豆腐口袋三明治

中式三明治

⏱ 30分钟　🔍 中等

做法

❶ 起油锅，放入肉糜，大火爆炒至熟后盛出。

❷ 另起油锅，放入炒好的肉糜和切好的豆腐块，放入豆瓣酱、辣椒粉、盐，加水没过食材，开大火煮3分钟。

❸ 随后放入豆腐块，轻轻翻拌均匀。

❹ 淀粉加水调成芡汁，给麻婆豆腐勾芡。

❺ 待汁水收干后，散白胡椒粉和葱末出锅。

❻ 取一片吐司，放入口袋三明治模具。

❼ 加入炒好的麻婆豆腐，盖上另一片吐司。

❽ 盖上口袋三明治的另一半模具，用力向下压，撕掉多余的吐司边即可。

特色

把"川菜一绝"的麻婆豆腐做成三明治，味道可以如此特别！

主料

豆腐100克｜肉糜50克｜吐司2片（约120克）

辅料

油15毫升｜葱末5克｜白胡椒粉1茶匙｜淀粉1茶匙｜豆瓣酱10克｜辣椒粉2茶匙｜盐适量

食材	参考热量
豆腐100克	82千卡
肉糜50克	106千卡
吐司120克	333千卡
豆瓣酱10克	13千卡
合计	534千卡

―――― 烹饪秘籍 ――――

用来制作麻婆豆腐的豆腐要求有一定韧性，所以最好选用北豆腐，而内酯豆腐质地柔软易碎，不太适合拿来做麻婆豆腐。

营养贴士

豆腐中的脂肪大多是不饱和脂肪酸，且不含任何胆固醇，是"三高"人群的理想食物。

金枪鱼核桃三明治

🕐 15分钟　　🔍 简单

做法

❶ 取一容器，放入金枪鱼，加入蛋黄酱，搅拌均匀。

❷ 烤箱预热150℃，将核桃仁放入烤盘中，撒适量的盐，烤3分钟，取出放凉。

❸ 核桃仁用擀面杖压成核桃碎。

❹ 黄瓜洗净，切片备用。

❺ 吐司切去四边。

❻ 取一片吐司，涂抹金枪鱼沙拉。

❼ 撒上核桃仁碎，再涂抹金枪鱼沙拉。

❽ 摆上黄瓜片，盖上另一片吐司，对角斜切即可。

特色

有金枪鱼，有蛋，有核桃，还需要你的好胃口！

主料

水浸金枪鱼罐头1/2个（约90克）｜核桃仁20克｜黄瓜半根（约60克）｜吐司2片（约120克）

辅料

蛋黄酱20毫升｜盐适量

食材	参考热量
水浸金枪鱼罐头90克	89千卡
核桃仁20克	156千卡
黄瓜60克	10千卡
吐司120克	333千卡
蛋黄酱20毫升	145千卡
合计	733千卡

烹饪秘籍

金枪鱼沙拉可适当抹厚一点，厚度在2厘米左右。

营养贴士

金枪鱼肉中所含的脂肪酸为不饱和脂肪酸，是预防心血管疾病的理想食物。

索引

核桃

我想吃甜食

马斯卡彭奶酪三明治

🕐 30分钟　🔍 中等

做法

❶ 核桃仁用擀面杖压成核桃碎。

❷ 马斯卡彭奶酪在常温下软化。

❸ 取一容器，倒入淡奶油，加白砂糖，用电动打蛋器将淡奶油打到五成发，表面有纹路。

❹ 加入马斯卡彭奶酪和核桃碎，继续打发至八成发。

❺ 吐司切去四边。

❻ 取一片吐司，涂抹核桃奶酪奶油。

❼ 盖上一片吐司，再涂抹核桃奶酪奶油。

❽ 盖上剩下的吐司即可。

特色

香脆的核桃和蓬松感极佳的马斯卡彭奶酪，是下午茶绝杀小点的必备要素！

主料

核桃仁30克 | 马斯卡彭奶酪50克 | 淡奶油50毫升 | 吐司3片（约180克）

辅料

白砂糖20克

食材	参考热量
核桃仁30克	234千卡
马斯卡彭奶酪50克	182千卡
淡奶油50毫升	175千卡
吐司180克	500千卡
白砂糖20克	80千卡
合计	1171千卡

烹饪秘籍

马斯卡彭奶酪要经过室温软化到用手指可以直接戳洞的程度才能使用。

营养贴士

核桃含丰富的ω-3脂肪酸，有补脑健脑作用，经常吃核桃可以有效降低阿尔兹海默症的发病率。

烤棉花糖花生三明治

⏱ 15分钟　🔲 简单

做法

❶ 熟花生仁用擀面杖压成花生碎。

❷ 取一容器，放入花生酱和部分花生碎，搅拌均匀。

❸ 取一片吐司，抹上花生酱。

❹ 将棉花糖依次码在抹好花生酱的吐司上。

❺ 烤箱预热180℃，将吐司放入烤箱，烤5分钟，至棉花糖表面微焦黄、呈半软化状态后取出。

❻ 撒上剩余的花生碎。

❼ 淋上榛子酱。

❽ 盖上另一片吐司即可。

特色

有哪个宝宝能拒绝烤棉花糖的诱惑？一份烤棉花糖花生三明治，是给宝宝最好的奖励！

主料

熟花生仁20克 | 原味棉花糖16个（约50克）| 吐司2片（约120克）

辅料

花生酱30克 | 榛子酱30克

食材	参考热量
熟花生仁20克	118千卡
原味棉花糖50克	154千卡
吐司120克	333千卡
花生酱30克	180千卡
榛子酱30克	163千卡
合计	948千卡

烹饪秘籍

棉花糖要选择大颗的，这样做出来的三明治口感更绵柔，口味也可以根据自己的喜好替换成柠檬、草莓等其他口味的棉花糖。

营养贴士

花生中含丰富的卵磷脂和脑磷脂，这是神经系统发育及活动所需要的重要物质，能帮助延缓脑功能衰退，增强记忆力。

巧克力坚果三明治

复制爱的味道

🕐 10分钟　🔍 简单

做法

❶ 核桃仁用擀面杖压成核桃碎。

❷ 杏仁用刀切碎。

❸ 将开心果倒入料理机。

❹ 加入牛奶和蜂蜜，打成开心果酱。

❺ 吐司放入面包炉上烤3分钟，烤至双面金黄后取出。

❻ 吐司上抹开心果酱。

❼ 撒上核桃碎和杏仁碎。

❽ 淋上巧克力酱即可。

特色

某个恬静的午后，一杯红茶再加上几块巧克力坚果三明治，心情瞬间就变得好起来！

主料

核桃仁10克｜开心果30克｜杏仁10克｜厚吐司1片（约60克）

辅料

巧克力酱45克｜牛奶10毫升｜蜂蜜少许

食材	参考热量
核桃仁10克	78千卡
开心果30克	184千卡
杏仁10克	58千卡
厚吐司60克	126千卡
巧克力酱45克	245千卡
牛奶10毫升	5千卡
合计	696千卡

——— 烹饪秘籍 ———

这款三明治里的坚果品种并不是固定的，你也可以选择自己喜欢的坚果品种，如榛子、夏威夷果等。

营养贴士

巧克力中含有类黄酮和可可黄烷醇等物质，适当地吃些巧克力可以帮助保护血管，维持正常血压。

杏仁 红豆鲜奶油三明治

惊艳的午后小食

做法

❶ 取一容器，倒入淡奶油。

❷ 分次加入白砂糖，用电动打蛋器打发至淡奶油不再流动。

❸ 将杏仁和 15 克蜜红豆放入料理机中，打成杏仁红豆泥。

❹ 厚吐司放入面包机烤 3 分钟，至双面金黄后取出。

❺ 在厚吐司上涂抹杏仁红豆泥。

❻ 将打发好的淡奶油装入裱花袋内。

❼ 在厚吐司上挤上适量的淡奶油。

❽ 在淡奶油上放上剩余的蜜红豆即可。

特色

打发得十分绵密蓬松的奶油酱，配上口味奇妙的杏仁红豆泥，高颜值的午后茶点，你值得拥有！

主料

蜜红豆30克 | 杏仁20克 | 厚吐司1片（约60克）

辅料

淡奶油50毫升 | 白砂糖15克

食材	参考热量
蜜红豆30克	59千卡
杏仁20克	116千卡
淡奶油50毫升	175千卡
厚吐司60克	126千卡
白砂糖15克	60千卡
合计	536千卡

烹饪秘籍

如果家里没有裱花袋，也可以用勺子或果酱刀将淡奶油涂抹在面包上。

营养贴士

杏仁中含有丰富的维生素E，能促进皮肤微循环，使皮肤红润光泽。

榛果 冰激凌可丽饼

特色街边小吃

⏱ 25分钟　🔍 简单

做法

❶ 取一容器，倒入牛奶、糖粉和在室温下融化了的黄油，将鸡蛋也磕入容器中，用手持打蛋器搅拌均匀。

❷ 分次筛入低筋面粉，将面糊搅拌均匀。

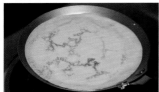

❸ 取一平底煎锅，中火加热，倒入一大勺面糊，旋转煎锅，将面糊煎成可丽饼皮。

❹ 继续前一步的操作，直到用完所有面糊。

❺ 榛果用擀面杖压成榛果碎。

❻ 将两张可丽饼分别叠成扇形，依次摆入盘中。

❼ 挤上两个香草冰激凌球。

❽ 撒上榛果碎，淋上巧克力酱即可。

特色

热乎乎的面饼，卷上榛果和冰激凌，再淋上巧克力酱，谁能拒绝这份诱人小点？

主料

榛果20克｜香草冰激凌100克｜牛奶150毫升｜低筋面粉50克｜黄油15克｜鸡蛋1个（约50克）

辅料

巧克力酱少许｜糖粉少许

食材	参考热量
榛果20克	112千卡
香草冰激凌100克	127千卡
牛奶150毫升	81千卡
低筋面粉50克	174千卡
黄油15克	133千卡
鸡蛋50克	72千卡
合计	699千卡

烹饪秘籍

选择有不粘涂层的平底锅，可以帮助我们快速地煎出漂亮的饼皮。

营养贴士

每100克榛果仁含钙316毫克，是杏仁的3倍、核桃的4倍，是非常适合用来补钙的美味坚果。

吃出健康系列

沙拉花园

能量果蔬汁

聪明宝宝营养辅食轻松做

好喝的粥

减脂轻食

蔬果沙拉

粗粮细做

像营养师一样吃晚餐

像女人一样吃早餐

滋补靓汤

主食沙拉

一煲好汤

一碗好粥

元气素食

低卡饱腹健康餐

多吃蔬菜身体好

沙拉与果蔬汁

轻食沙拉纤体瘦身

24节气养生餐

沙拉与三明治

无烟少油轻食料理

减脂健康餐

诱人的减脂料理

0-3岁宝宝营养辅食全攻略

广式滋补靓汤

0-7岁聪明宝宝餐

给孩子吃的快手营养早餐

0-12岁孩子成长餐

手作健康零食

怀孕期营养食谱

汤汤水水滋养全家

汤水之爱

月子期营养食谱

低盐少糖健康料理

减肥就是好好吃饭

懒人下厨房系列

家常美食系列

图书在版编目（CIP）数据

萨巴厨房. 沙拉与三明治 / 萨巴蒂娜主编 . —北京：中国轻工业出版社，2024.7

ISBN 978-7-5184-2373-6

Ⅰ．①萨… Ⅱ．①萨… Ⅲ．①沙拉 – 菜谱②西式菜肴 – 菜谱 Ⅳ．① TS972.12

中国版本图书馆 CIP 数据核字（2019）第 020436 号

责任编辑：张 弘 高惠京 责任终审：劳国强 整体设计：锋尚设计
策划编辑：张 弘 高惠京 责任校对：李 靖 责任监印：张京华

出版发行：中国轻工业出版社（北京鲁谷东街 5 号，邮编：100040）

印　　刷：北京博海升彩色印刷有限公司

经　　销：各地新华书店

版　　次：2024年7月第1版第4次印刷

开　　本：720×1000　1/16　印张：12

字　　数：200千字

书　　号：ISBN 978-7-5184-2373-6　定价：49.80元

邮购电话：010-85119873

发行电话：010-85119832　010-85119912

网　　址：http://www.chlip.com.cn

Email：club@chlip.com.cn